航天动力学环境设计与试验指南

吴永亮　何　玲　樊世超　编著

科学出版社

北京

内 容 简 介

　　本书系统论述了航天飞行器动力学环境设计、试验环境条件预示与计算等,主要内容包括:航天飞行器在其寿命周期内所经历动力学环境的分类及任务事件、动态激励或动力学环境引起的载荷预示方法、结构环境激励响应预示方法、动力学最大预期环境计算方法、动力学环境在最大载荷处持续时间的计算方法、动力学环境设计与试验准则、动力学环境试验过程中需要考虑的问题等。本书为航天产品设计人员提供了全面、详尽的动力学环境设计与试验工作指导,对于推动航天技术发展、提升我国航天飞行器产品研制能力具有重要意义。

　　本书适合科研院所中从事航天工程型号总体设计、载荷与动力学环境设计等专业研究的科技人员使用,也可供高等院校航空宇航推进理论与工程、飞行器设计与工程等专业的研究生和教师参考。

图书在版编目(CIP)数据

航天动力学环境设计与试验指南 / 吴永亮,何玲,樊世超编著. —北京:
科学出版社,2018.9
　ISBN 978-7-03-058889-0

　Ⅰ.①航…　Ⅱ.①吴…②何…③樊…　Ⅲ.①航天器-动力学-环境设计
②航天器-动力学-试验　Ⅳ.①V412.4

中国版本图书馆 CIP 数据核字(2018)第 216488 号

责任编辑:陈　婕　赵微微 / 责任校对:张小霞
责任印制:吴兆东 / 封面设计:陈　敬

科学出版社出版
北京东黄城根北街 16 号
邮政编码:100717
http://www.sciencep.com

北京凌奇印刷有限责任公司印刷
科学出版社发行　各地新华书店经销
*
2018 年 9 月第　一　版　开本:720×1000　1/16
2025 年 4 月第四次印刷　印张:13 1/2
字数:272 000
定价:118.00 元
(如有印装质量问题,我社负责调换)

前　言

　　卫星和运载火箭(简称火箭)作为体现航天技术发展的主要载体,其研制、发射和运行是一项庞大的系统工程,而动力学环境问题是其制造到完成任务过程中必须考虑的重要问题,在其设计、试验、飞行等各阶段中涉及。动力学环境分析方法及试验技术的正确性与合理性直接影响卫星和火箭的设计水平,甚至决定航天任务的成败。卫星与火箭在全寿命周期经受的环境并不完全相同。卫星在制造总装、地面运输、发射入轨、在轨运行以及主动返回等阶段要分别经历复杂的地面总装环境、地面试验环境、地面运输环境、发射环境、空间环境和返回环境,这些环境统称为卫星环境。火箭的主动段发射任务完成后即宣告任务终止,因此其环境因素一般只涉及总装、试验、运输和主动段发射等阶段。

　　力学环境是卫星环境和火箭环境的重要组成部分,是指卫星和火箭产品经受的振动、冲击、噪声、加速度和微重力等环境。力学环境可分为静力环境和动力环境。静力环境主要是指卫星和火箭经历的准静态环境,如发射段的准静态加速度过载、卫星发动机在轨工作过程中引起的整星过载、返回式卫星在返回减速过程中承受的过载等。动力环境则是指能够产生时变扰动激励(亦称外力函数或动力载荷)的所有现象,这些扰动激励直接或间接施加在火箭和卫星及其部组件上,如整流罩内的声环境、卫星和火箭对接面上的随机振动环境、火箭级间分离产生的瞬态振动环境、星箭分离时包带解锁引起的冲击环境等。由于航天飞行器(简称航天器)对重量的要求比较苛刻,其设计都需要从质量角度上考虑,由此产生了诸多问题,而引起这些问题的原因是动力学环境,因此必须认识火箭、航天器及其他飞行器在执行任务过程中的动力学环境及效应。

　　航天动力学环境和环境设计准则与其他行业相比有其自身特点,因此美国宇航局制定了 NASA-HDBK-7005《动力学环境准则》。国际上通行动力学环境(包括设计准则)标准以 MIL-STD-810 为代表,现行版本是 G 版。MIL-STD-810 是美国国防部标准,先于 NASA-HDBK-7005 发布。MIL-STD-810 中的基本做法是将平台与载荷分开处理,先通过平台测量环境,再通过实测数据得到载荷的环境。在设计飞机、船舶和汽车需考虑动力学环境时,先解决平台的问题,再解决机(车)载设备的问题。因此,MIL-STD-810 强调实测数据和数据统计,适用于飞机、船舶和汽车等动力学环境试验。因为航天的特殊性,需要同时考虑平台与载荷即运载和卫星(有效载荷),且难以得到实测数据,所以 MIL-STD-810 不能满足航天的实际需求。NASA-HDBK-7005 提出了一个综合的办法,就是将航天动力学环境按事件处理,分为载荷预示(即激励环境)方法、响应预示方法和数据统计方法。该方法不强调实测,而强调环境预示和响应预示,可以较好地适用于航天动力学试验。

美国宇航局发布 NASA-HDBK-7005《动力学环境准则》的目的是规定一致的和通用的操作程序,规范飞行器及其有效载荷的动力学设计、结构设计和鉴定、验收试验等方面的操作,提高结果的一致性。该准则系统地总结和评估了产品任务的动力学环境预示方法、动态激励或力学环境引起的载荷预示方法、结构环境激励响应预示方法,以及为航天器从系统级到零部件级产品的设计和试验所制定的动力学容差标准程序方法,总结了试验设备和试验过程。在目前的航天器型号研制过程中,动力学环境的预示往往由设计师根据型号任务的特点和需求确定,没有形成统一的规范,甚至部分动力学环境的预示方法可能还不够完善,力学环境的设计与试验要求和余量分散于大量的型号设计文件、不同的设计师手中,不同航天器的动力学环境设计与试验方法之间没有统一的标准。因此,需要对国内外航天器力学环境设计与试验方法进行调研、分析和比较,并根据国内航天器研制的经验和教训,系统性地分析航天器力学环境预示方法以及环境设计和试验准则,得出共性结论。本书基于 NASA-HDBK-7005《动力学环境准则》,结合国内工程实际编写而成,为我国航天工程技术人员进行动力学环境设计与试验提供指导。

全书共 8 章,其中第 1 章由吴永亮、李小龙、卫巍编写;第 2 章由何玲、韩晓健、李栋编写;第 3 章由李正举、刘波、崔颖慧编写;第 4 章由王帅、张建华编写;第 5 章由贾亮、王竞男编写;第 6 章由樊世超、杨艳静、武耀编写;第 7 章由王旭、曾杜娟编写;第 8 章由冯国松、高海洋编写。全书由吴永亮、何玲、樊世超统稿。

魏永刚研究员、向树红研究员、朱凤梧研究员、张小达研究员等专家审阅了书稿,并提出了宝贵意见,给予了极大的帮助,在此表示感谢。

限于作者水平,书中难免存在疏漏和不足之处,敬请读者批评指正。

目　录

第1章 分类、描述和任务事件

卫星和运载火箭从研制、发射、在轨运行直至任务结束所经受的力学环境并不完全一致。由于研制流程或任务的不同,卫星所受力学环境的种类和特性也会存在一定的差别。例如,不同运输方式(汽车、火车、轮船和飞机)将使卫星承受不同的运输环境,返回式卫星因其返回地面,需要比非返回式卫星多承受返回气动力/热环境和着陆冲击环境等。总的来说,航天动力学环境的设计和分析过程应涵盖卫星和运载火箭从制造到任务终止的整个寿命周期,不可忽略任何一个环境,否则可能导致航天产品部组件的失效,甚至整个任务失败。本章介绍航天飞行器(运载器、上面级和航天器等)在其使用寿命周期内(从出厂到其完成飞行任务)所经历动力学环境的分类、描述和任务事件[1]。

1.1 动力学环境的分类

1.1.1 概述

航天动力学环境包括所有作用在航天器及其组件上的产生各种动激励的现象。动激励也称为"力函数"或"动载荷"。这些激励可以是施加的外力,也可以是一种运动输入,它们既可能由内部产生,也可能由外部诱发。

内部激励的示例如下:

(1)转动部件的不平衡;

(2)机构运行;

(3)硬件装配的不对中;

(4)组件中的磁力、气动力或流体动力;

(5)贮箱内推进剂液体的晃动;

(6)动力供给或需求不平衡造成的扭矩变化。

内部激励是和组件的特定设计以及其具体功能紧密联系的,本书中的方法可能无法轻易地解决内部激励的问题,但不能忽视内部激励的重要性。

外部激励的示例如下：

(1)装卸；

(2)运输；

(3)发射；

(4)上升；

(5)空间运行；

(6)进入行星(包括地球)大气及着陆。

为了便于数据分析及简化试验流程，一般将动力学环境分为确定性的、随机性的或两者皆有的，也可以根据动力学环境的特点将其分为稳态、非稳态和瞬态。

1.1.2　确定性动力学环境

确定性动力学环境是指每当处于此环境条件时，能够产生具有相同时间历程的激励。也就是说，在任意时刻 t，在允许的试验误差范围内，激励的瞬时值都可以通过前一时间对激励的测量值来确定。确定性动力学环境通常是比较易于理解、易于描述的物理过程。常使用确定性方法来描述和预示这些激励以及由这种环境因素产生的响应。

因此，可以在数学上将确定性环境因素描述为一个时间的函数 $x(t)$，它是一个周期或非周期(瞬态)的时间历程信号，如图 1.1 所示。此外，可以用函数 $x(t)$ 的傅里叶变换 $X(f)$ 来描述确定性动力学环境在频域上的表现。

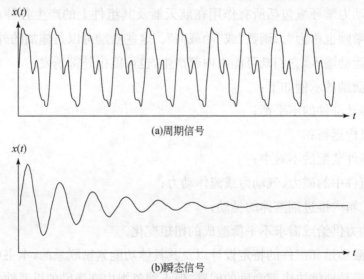

(a)周期信号

(b)瞬态信号

图 1.1　周期信号和瞬态信号图示

1.1.3　随机动力学环境

随机动力学环境是指每当处于此环境条件时,用来描述环境因素的时间历程信号的统计学特征(如均值和标准偏差)是不变的,而特定时刻的信号值是变换的。因此,在特定时刻 t,信号值无法通过前一环境因素的测量值获得,如管中高速气流产生的气动噪声。一般来说,动力学环境通常是由确定性部分和随机部分组成。图 1.2(a)是纯随机环境产生的随机信号示例。图 1.2(b)是周期(确定性的)与随机环境因素共同作用而产生的信号示例,该信号中的周期性部分如图 1.1(a)所示。

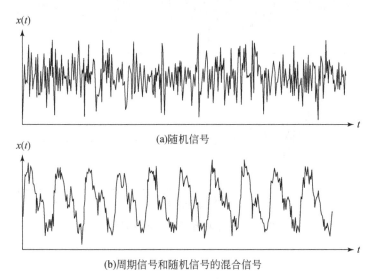

(a)随机信号

(b)周期信号和随机信号的混合信号

图 1.2　随机信号和周期-随机混合信号(或称确定-随机混合信号)

随机动力学环境称为"时不变"还是"时变"取决于在所关心的时间范围内,表现环境特性全部时间历程信号的统计学特征值是随时间不变的还是变化的。"时不变"随机信号通常称为"平稳随机信号"。平稳随机信号又可分为各态历经随机和非各态历经随机。如果各样本函数的时间平均统计特性都相等,那么称此环境为各态历经随机的。

当一个或多个表现环境特性的随机信号的统计学特征值随时间变化时,该环境称为"时变"的。航天器在发射阶段经历的大多数动力学环境都是"时变的"。综合数据分析与工程应用的观点来看,可将随机时变环境划分为两类,即非平稳随机和瞬态随机。如果表现环境特性的随机信号中至少有一个统计学属性随时间变化,那么称这种随机环境为非平稳的。例如,航天器在大气层中上升时造成的气动噪声,它的均方根值是时变的。如果表现环境特性的随机信号有明确的开始和结束,并且其作用时间相对瞬态环境作用下结构的脉冲响应函数衰减时间较短,就称为瞬态动力学环境。例如,火箭发动机点火瞬时超压,或是爆炸分离冲击事件。图 1.3 是典型的非平稳和瞬态随机动力学环境特征信号图示。

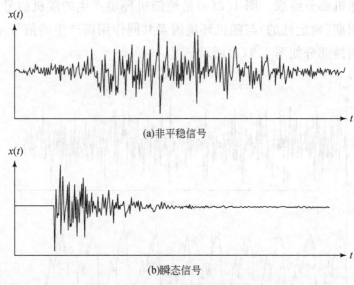

(a)非平稳信号

(b)瞬态信号

图 1.3　非平稳和瞬态随机信号图示

1.2　动力学环境描述

1.2.1　概述

有多种方式描述动力学环境信号 $x(t)$。这里使用的描述符包括时间历程,均值,平稳过程的线谱、自谱、波数谱、1/3 倍频程谱,非平稳过程的最大谱,以及瞬态过程的傅氏谱、能量谱、冲击响应谱。

$x(t)$ 和 $y(t)$ 分别表示两个不同环境的信号,或者同一环境和测量时间但不同位置的测量信号,一般用互功率谱及其衍生的函数(相干函数、频率响应函数、脉冲响应函数)来确定其线性关系。除了时间历程、1/3 倍频程谱和冲击响应谱,所有这些描述符都包含对信号 $x(t)$ 和 $y(t)$ 的傅里叶变换,定义如下:

$$\begin{cases} X(f,T)=\displaystyle\int_0^T x(t)\mathrm{e}^{-\mathrm{j}2\pi ft}\mathrm{d}t \\ Y(f,T)=\displaystyle\int_0^T y(t)\mathrm{e}^{-\mathrm{j}2\pi ft}\mathrm{d}t \end{cases} \tag{1.1}$$

如果 $x(t)$ 和 $y(t)$ 的幅值单位是对应时域(s)的 u 和 v(如 g、m、Pa 等),则 $X(f,T)$ 和 $Y(f,T)$ 的幅值单位是对应频域(Hz)的 U 和 V。

为了清楚,本书中所有公式都是连续的时域和频域函数。然而,在实际应用中都是用计算机进行分析计算的,所有数据都是离散时域和离散频域的函数。

1.2.2 时间历程

具有确定性特性的低频(50Hz 以下)瞬态环境,环境采样时间历程(图 1.1)可以为预示结构响应、设计标准、确定试验量级等提供充分描述。但是,采样时间历程对随机环境和确定性高频环境的工程应用来说是不能描述清楚的。

1.2.3 均值

对于稳态或平稳动力学环境,用信号 $x(t)$ 来表示时,对环境幅值最简单的描述方法是:用均值 μ_x 描述 $x(t)$ 的集中趋势;用标准差 σ_x 描述 $x(t)$ 的离散情况;用均方根 ψ_x 描述集中趋势和离散情况。信号 $x(t)$ 的均值、标准差和均方根的计算见式(1.2)~式(1.4),其中 $0\leqslant t\leqslant T$。

(1)均值:

$$\mu_x=\frac{1}{T}\int_0^T x(t)\mathrm{d}t \tag{1.2}$$

(2)标准差:

$$\sigma_x=\sqrt{\frac{1}{T}\int_0^T [x(t)-\mu_x]^2\mathrm{d}t} \tag{1.3}$$

(3)均方根值:

$$\psi_x=\sqrt{\frac{1}{T}\int_0^T x^2(t)\mathrm{d}t} \tag{1.4}$$

式中,T 为线性平均时间。需要注意的是,高频动力学环境的测量一般使用压电传感器,这种传感器无法测量信号的平均值,也就是说实测信号没有直流(DC)部分。在这种情况下,均方根与标准差相等,也就是如果 $\mu_x=0$,则 $\psi_x=\sigma_x$。

非稳态环境信号用时变均值表示,通常采用时短、连续的时间段分别进行计算,得到连续变化的值 $\mu_x(t)$、$\sigma_x(t)$、$\psi_x(t)$。对于随机环境,连续均值的计算需要折中考虑以下两个方面:一是通过增大线性平均时间 T 来减小随机误差;二是通过减小线性平均时间 T 来减小时间间隔偏移误差[2]。

1.2.4　线谱

一个用信号 $x(t)$ 表示的稳态确定性(周期)环境,可以用频域的线谱(也称为线性谱)来表示。线谱用如下的傅里叶级数的系数来表示:

$$P_x(f_k) = \frac{2}{T}X(f, T) \tag{1.5}$$

式中,$X(f, T)$ 由式(1.1)定义。为获得一个只有正频率值的单边谱,式(1.5)中的 $X(f, T)$ 需要乘以 2,并且

$$f_k = \frac{k}{T}, \quad k = 1, 2, 3\cdots \tag{1.6}$$

理想情况下,$T = nT_p$,其中 n 为整数,T_p 是 $x(t)$ 的周期,得出的谱 $p_x(f_k)$ 含有周期性函数 $x(t)$ 的谐波频率成分:

$$f_p = \frac{p}{T}, \quad p = 1, 2, 3\cdots \tag{1.7}$$

实际上,采用 $T = nT_p (n = 1, 2, 3\cdots)$ 计算线谱是很难的。这种情况下,式(1.5)中产生了式(1.7)中 f_p 以外的频率谱部分。但是,计算的最大幅值频率成分都与 f_p 接近。通常,式(1.5)中的 $p_x(f_k)$ 是既有幅值信息又有相位信息的复函数,一般用幅值 $|p_x(f_k)|$ 表示。从式(1.1)可以看出,$|p_x(f_k)|$ 的单位是对应频域(Hz)的 u。

1.2.5　自谱

对于信号 $x(t)$ 描述的平稳随机环境,在频域内用自功率谱密度函数(也称为自谱、功率谱或 PSD)来描述。自功率谱密度函数为

$$G_{xx}(f) = \frac{2}{T}E\left[\,|X(f, T)|^2\right] \tag{1.8}$$

式中,$X(f, T)$ 由式(1.1)定义;$E[\ ]$ 表示[ ]内的数学期望值。为获得一个只有正频率的单边谱,期望值需要乘以系数 2。理想状态下,$T \to \infty$,生成的是 $x(t)$ 全频率范围的连续谱。实际上,不可能在无限的时间间隔内计算 $X(f, T)$,因此自谱通常通过式(1.6)所给出的一系列离散谱值来估算,这意味着估算的谱

频率分辨率为 $\Delta f = 1/T$。同样,式(1.8)得到的期望值是傅里叶变换无穷级数平方的均值,这种均值其实是无法实现的[3]。然而,可以通过有限个傅里叶变换平方的均值来估算自谱密度。实际上,均值是通过信号 $x(t)$ 的相邻的 n_d 段的自谱估计值平均得到的,这会导致在自谱的估算中产生统计上的样本(随机)误差[2]。

式(1.8)中的自谱密度函数 $G_{xx}(f)$ 总是一个实数函数,它的单位是对应频域(Hz)的 u^2/Hz。

1.2.6 波数谱

用距离函数来表述产生动载荷的环境特性要比用时间函数更方便,如大气湍流。如果这样的空间动力学环境具有不随距离变化的平均特征,那么该环境特性就是空间不变的,与时不变相类似。描述这种空间动力学环境信号的谱可由式(1.1)中傅里叶变换方法来定义,而且是用距离而不是时间作为独立变量。给定信号 $x(\delta)$ 和 $y(\delta)$,其中 δ 是距离,单位为 m,总长 D 内的空间傅里叶变换为

$$X(k_n, D) = \int_0^D x(\delta) \mathrm{e}^{-\mathrm{j}2\pi k_n \delta} \mathrm{d}\delta, \quad Y(k_n, D) = \int_0^D y(\delta) \mathrm{e}^{-\mathrm{j}2\pi k_n \delta} \mathrm{d}\delta \qquad (1.9)$$

式中,k_n 为波数,m^{-1},波数的倒数为波长($\lambda = 1/k_n$,m)。如果 $x(\delta)$ 和 $y(\delta)$ 的幅值单位分别为对应 m 的 u 和 v(m、m/s、Pa 等),则 $x(k_n, D)$ 和 $y(k_n, D)$ 的幅值单位分别为对应 m^{-1} 的 U 和 V。

类比式(1.8)中定义的自谱密度函数,波谱密度函数如式(1.10)定义(通常称为波数谱):

$$G_{xx}(k_n) = \frac{2}{D} E \left[|X(k_n, D)|^2 \right] \qquad (1.10)$$

这里是将 1.2.5 节中有关求解自谱近似值和误差的公式中的时间变量替换为距离变量。式(1.10)中的波数谱 $G_{xx}(k_n)$ 是一个实函数,它的单位是对应于 m^{-1} 的 $u^2/(\text{cycle/m})$。如果用波数谱 $G_{xx}(k_n)$ 来表示一个空间动力学环境,那么在航天器速度 v 点处(该速度看作恒速运动,单位为 m/s)的动力学环境可以用自谱密度函数 $G_{xx}(f)$ 来描述[2],其中

$$f = k_n v, \quad G_{xx}(f) = \frac{G_{xx}(k_n)}{v} \qquad (1.11)$$

1.2.7　倍频程谱

与随机数据的谱分析一样,声压级、声强级和声功率级可按频率顺序展开,但滤波器的中心频率规定为倍频程或 1/3 倍频程滤波器。

声压级用符号 SPL 表示:

$$SPL = 20\lg\left(\frac{p}{p_0}\right) \tag{1.12}$$

式中,SPL 为总声压级的数值,dB;p 为待测声压的有效值,Pa;p_0 为参考压力的数值,一般取 2×10^{-5},Pa。

用来描述确定性或随机性平稳动力学环境的信号 $x(t)$,通常在频域上用倍频程(或 1/3 倍频程)谱来表示,单位为 dB。倍频程谱的单位是对应频域(Hz)的 dB(参考值 20μPa)。

1.2.8　最大谱

无论是确定的还是随机的非稳态环境,都可以用一组信号 $x_i(t)$($i=1$,$2,\cdots,q$)来表示。举例来说,$x_i(t)$ 可以指同一个飞行器在 q 次发射时同一位置点所测得的激励,或者指同一次发射中在 q 个不同位置测得的激励。将 q 个测量值作为一组连续谱估算,估算中取平均时间 T 为小值,并运用式(1.5)、式(1.8)或式(1.12)进行计算得到随时间变化的谱值。

如果用一个谱来描述动力学环境,这个谱应该这样确定:对应每一个频率,计算随时间变化的谱值的最大值,当得到最大值时,即与时间无关,画出这些与频率对应的最大谱值,称为最大谱,用 $P_x(f_k)_{max}$、$G_{xx}(f)_{max}$ 或 $L_x(f_i)_{max}$ 来表示。最大谱单位与谱的估算是相同的[2]。

1.2.9　傅氏谱

通常由信号 $x(t)$ 表示的瞬态环境特性在频域上用傅氏谱来表示,信号 $x(t)$ 的傅里叶变换为

$$F_x(f) = 2X(f, T), \quad f > 0 \tag{1.13}$$

式中,$X(f, T)$ 由式(1.1)定义。为得到一个只有正数值的单边谱,$X(f, T)$ 需要乘以 2。理想情况下,$T\to\infty$,但上述要求仅在下列情况时满足:如果式(1.1)中的积分区间包含了整个瞬态过程,也就是 $t<0$ 或 $t>T$ 时,$x(t)=0$。式(1.6)中给出的傅氏谱仅在离散的频率上计算得到,精确的傅氏谱可由这些离散值插

值得到。一般情况下,式(1.13)中的 $F_x(f)$ 是一个包括幅值和相位信息的复函数,通常只用幅值 $|F_x(f)|$ 来表示。由式(1.1)和式(1.11)可以看出,$|F_x(f)|$ 的单位为对应频域(Hz)的 $u\text{-}s^{[2]}$。

1.2.10　能量谱

有时可以在频域上用能量谱密度函数来表示信号 $x(t)$ 的瞬态随机环境特性(通常也称作能量谱,术语"能量"从电路模拟演化而来),见式(1.14):

$$E_{xx}(f)=2E\Big[\,|X(f,T)|^2\,\Big],\quad f>0 \tag{1.14}$$

式中,$X(f,T)$ 由式(1.1)定义;$E[\ ]$ 表示 $[\ ]$ 内的数学期望值,为得到一个只有正数值的单边谱,期望值需要乘以 2。理想状态下,$T\to\infty$,与傅氏谱相似,但上述要求仅在下列情况时满足:如果式(1.1)中的积分区间包含了整个瞬态过程,也就是 $t<0$ 或 $t>T$ 时,$x(t)=0$。虽然能量谱仅是在式(1.6)中的离散频率轴上计算得到的,但是可以对离散值进行插值得到精确的能量谱。

式(1.14)中期望值的求解需要用到无限长傅里叶变换数列平方的均值计算,这是无法实现的。然而,可以通过使用有限长傅里叶变换数列平方的均值来得到能量谱。实际上,可以通过重复瞬态过程 n_d 次来实现上述过程,对 n_d 次瞬态过程整体的能量谱进行平均。某些情况下,通过在连续相邻频段(各频段带宽为 $B=n_d/T$)内 n_d 个相近频率成分的均值,同样可以得到单一瞬态过程能量谱值,但是这种方法降低了结果计算的谱分辨率。任何情况下,有限个平均数 n_d 会导致能量谱估计中统计意义上的样本(随机)误差。

1.2.11　冲击响应谱

冲击响应谱(通常也称冲击谱、响应谱、SRS)通常用于测量给定瞬态环境破坏的可能性,这个环境特性可以是确定性的,也可以是随机性的。对于确定性环境特性,冲击响应谱概念还可以用来计算针对设计目的的边界载荷。

SRS 是指一系列不同固有频率、有一定阻尼的线性单自由度系统受到冲击激励作用时产生的最大响应(如加速度、速度、位移)与系统固有频率之间的关系曲线。冲击响应谱计算的力学系统如图 1.4 所示。假定单自由度系统由弹簧和阻尼器及共同支撑的质量块组成,支撑皆与刚性基座相连。

在定义 SRS 时,假设振子的质量远小于基座质量,因而对基座输入的影响可以忽略不计,即振子和基座质量之比趋于零。当评估一个在确定性环境特性

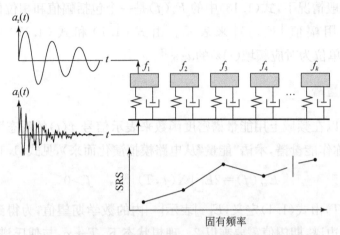

图 1.4　冲击响应谱计算的力学系统

下的多自由度系统的设计载荷时,对同一定义进行了两处改动:①系统的每个弹性模态都被看成一个单自由度系统(激振器),它的质量就是"有效模态质量",导出了模态的 SRS;②取消模态质量与基座质量之比趋于零的假设。

1.2.12　互功率谱的相干函数

在频域内,用互功率谱密度来描述两个稳态随机动力学环境 $x(t)$ 和 $y(t)$ 之间的线性关系:

$$G_{xy}(f) = \frac{2}{T} E[X^*(f,T)Y(f,T)] \tag{1.15}$$

式中,$X(f,T)$ 和 $Y(f,T)$ 由式(1.1)定义;星号($*$)表示复共轭;$E[\ ]$ 表示 $[\ ]$ 内的期望值,为得到一个只有正数值的单边谱,期望值需要乘以 2。理想状态下,$T \rightarrow \infty$,生成一个 $x(t)$ 频率范围内的功率谱。就 1.2.5 节的自谱来说,不可能在无限时间间隔内计算 $X(f,T)$ 和 $Y(f,T)$,因此互功率谱通常通过式(1.6)所给出的在频率轴上的离散谱数列来估算。这就导致在互功率谱估算中可能存在频率分辨偏差。同样,由式(1.15)得到的互功率谱密度是傅里叶变换无穷级数乘积的均值,这种均值其实是无法计算的。实际上,均值是通过信号 $x(t)$ 和 $y(t)$ 的 n_d 段的估计值平均得到的,这会导致在互功率谱的估算中产生统计上的样本(随机)误差。式(1.15)中的互功率谱密度函数 $G_{xy}(f)$ 是复函数,其单位是对应频域(Hz)的 uv/Hz。

为了得到衡量信号 $x(t)$ 和 $y(t)$ 之间线性依赖关系更为便捷的方法,用互

功率谱密度函数幅值的平方除以两个信号自谱密度函数的乘积得到相干(有时也称为平方相干)函数:

$$\gamma_{xy}^2(f) = \frac{|G_{xy}(f)|^2}{G_{xx}(f)G_{yy}(f)} \tag{1.16}$$

式中,$G_{xy}(f)$如式(1.15)所定义,是$x(t)$和$y(t)$之间的互功率谱密度函数;$G_{xx}(f)$和$G_{yy}(f)$如式(1.8)中所定义,分别是$x(t)$和$y(t)$的自功率谱密度函数[2]。式(1.16)中的相干函数是一个在 0 和 1 之间的无量纲实数,即$0 \leqslant \gamma_{xy}^2(f) \leqslant 1$。

1.2.13　频率响应和脉冲响应函数

经常需要建立信号$x(t)$和$y(t)$之间的线性关系模型,会用到频率响应函数(有时称为传递函数),将其定义如下:

$$H_{xy}(f) = \frac{G_{xy}(f)}{G_{xx}(f)} \tag{1.17}$$

式中,$G_{xy}(f)$是式(1.15)定义的互功率谱密度函数,$G_{xx}(f)$是式(1.8)定义的自功率谱密度函数。频响函数通常是复函数,其单位是对应 Hz 的v/u,一般可以用幅值函数$|H_{xy}(f)|$和相位角来表示。$|H_{xy}(f)|$通常称为系统$x(t)$和$y(t)$之间的放大系数。由激励$x(t)$产生的响应$y(t)$的自功率谱密度及其放大系数的关系如下:

$$G_{yy}(f) = |H_{xy}(f)|^2 G_{xx}(f) \tag{1.18}$$

与式(1.18)中定义的频率响应函数等值的时域函数是脉冲响应函数(也称为单位脉冲响应或权重函数),它可由频响函数的傅里叶逆变换得到,见式(1.19)。脉冲响应函数一般定义为单位脉冲(delta 函数)激励对线性系统的响应,为实函数[2]。

$$h_{xy}(\tau) = \int_0^\infty H_{xy}(f) e^{j2\pi f\tau} \mathrm{d}f \tag{1.19}$$

1.3　动力学环境任务事件

1.3.1　概述

本书中动力学环境包括航天飞行器发射前、发射中、飞行过程中以及着陆过程中经常出现或可能出现的环境。这里包括了 20 种特定的动力学环境。预测各种动力学环境及其引起的载荷的步骤因环境不同而有所区别,因此必须对每种环境进行准确定义,并用1.2节中给出的动力学概念来描述它们的起因和基本的动力学特性。

1.3.2　运输

航天飞行器及其所有的组成部分必须从制造地运输到贮存地,或更高装配级的组装地,并最终到达发射场。远距离运输可以使用卡车、火车、飞机或远航货轮等交通工具。对于任何一种情况,运输都会产生可能导致破坏的动力学载荷,尤其对组装好的飞行器及其主要分系统。为了减少运输过程中产生的动力学载荷及其引起的破坏,通常会将飞行器硬件包装更结实。为了设计合适的包装系统并评估运输过程中对部件可能产生的破坏,需要对运输产生的动力学载荷进行描述,而这些动力学载荷随运输方式(如铁路运输和空中运输)和运输状态(运输速度)变化很大。因此,必须考虑搬运载荷和可能发生的事故(如搬运中硬件产品坠落)。通常这类载荷都必须根据特定部件和特定运输条件逐个测定和评估。

1.3.3　发射前的地震载荷

在发射场内需要将航天飞行器运输到发射台上,包括水平运输和垂直运输两种,此时,也需要考虑相应的振动或冲击环境载荷。虽然航天飞行器从安装到发射时间相当短,在这段时间间隔内发生具有潜在破坏量级地震的概率很小,但必须考虑这种可能性。最值得关注的是,因地震导致发射台水平方向移动,进而传递给航天飞行器底部的横向载荷,以及作用在各种地面支持设备(GSE)发射前的飞行部件(如附近仓库里的固体发动机等)上的载荷。

如果发射台建在一个坚固的岩石发射场上,可对发射台上的运载器进行传统的动力学分析,以确定运载器在地震过程中的载荷和变形。但是如果发射台建在一个松软的发射场上,则必须考虑土壤结构的相互作用。支撑发射台的松软土壤会使发射台和飞行器界面之间产生较大的平移和转动,特别是转动运动,从而使系统的固有频率减小、运载器和地面支持设备间的相对位移增加,有时还会增加飞行器的载荷。另外,地震波产生的响应反馈到土壤中使得系统阻尼大大增加。地震冲击响应谱示例见图1.5。

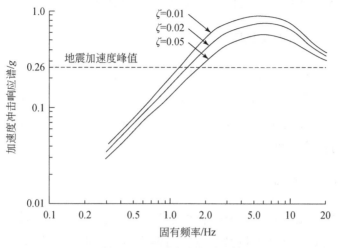

图 1.5　地震冲击响应谱示例

1.3.4　风和紊流

当运载火箭在起飞前处于发射台上时,必须承受阵风引起的载荷以及起飞后上升阶段的大气扰动(紊流)。对于可重复使用的飞行器,还要承受再入大气层时的大气扰动。虽然阵风和大气紊流产生机理不同会导致风速具有随机性,但是通常可用波数谱来描述。波数谱形状仅取决于积分尺度,其数值为扰动信号的自相干函数下的净面积。对于积分长度分别为 120m 和 300m 的典型晴空湍流,其波数谱(按 1m/s 的均方根速度进行归一)如图 1.6 所示。

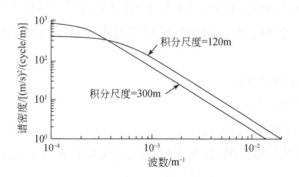

图 1.6　典型晴空湍流波数谱

根据式(1.11),即使飞行器在大气中以相对较高的速度飞行,扰动激励的频率也是很低的。例如,当飞行器速度 $v=100$m/s 时,其波数谱的上限频率为

20Hz,对于变化剧烈的大气紊流,风速最大值可达 10m/s。

1.3.5　火箭发动机点火超压

通常,固体火箭发动机点火会产生一个冲击波,在发动机附近的结构产生瞬时超压,特别是运载火箭发动机喷管上方的火箭外表面。火箭发动机点火超压的特性很大程度上取决于发动机的具体情况和点火程序。在发动机点火过程中,向发射台喷水可抑制点火超压。

1.3.6　起飞释放载荷

对于液体火箭发动机,当推力达到最大值之前,运载火箭被固定在发射台上,当推力达到最大值时,机械释放。如果采用固体火箭助推器发动机,运载火箭可以在助推器的推力作用下自由起飞。两种发射情况下,快速变化的速度都会产生沿火箭纵轴的力学瞬态激励。这种起飞瞬态载荷是关于发动机推力、释放装置的函数,或者是固体火箭助推器发动机尺寸及其点火特性的函数。通常,这种发射瞬态载荷集中在 50Hz 以下。

1.3.7　发动机喷流噪声

多数航天飞行器在 50Hz 以上的动力学环境的主要组成部分是由发动机排放气体与周围空气混合产生紊流所造成的强烈声激励,即发动机喷流噪声。这种声激励具有随机性,以无量纲频率参数"斯特劳哈尔数"(Strouhal number,简写 Sr)为自变量时,其声功率谱图形为常见形状,如图 1.7 所示。包括航天飞行器结构外表面在内的发动机周围不同部位的声压级都是由下列因素决定的:

(1)火箭发动机的数目;

(2)到喷口的距离;

(3)方向因子(频率的函数);

(4)发射台的具体情况,如发射台羽流导流装置设计情况及发射过程中是否喷水。

无论哪种情况,声压级都具有较大的频率带宽,类似于图 1.7 所示的声功率自谱。例如,一个典型的火箭发动机的排气速度为 $v_e=3000\text{m/s}$,喷口直径为 $D=2\text{m}$ 时,在图中对应无量纲频率参数的频率上限为 15kHz。对于火箭发动机产生的声压级的测量和预估一般在 10kHz 以下。对于大型飞行器,其发射时结构外表面的总声压级超过 160dB(参考值 20μPa),当然,它会随着飞行器速度的增加而迅速减小,当飞行器达到超声速后就会完全消失。

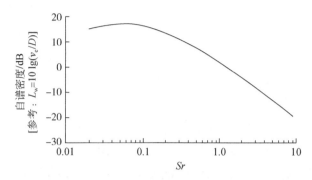

图 1.7　经归一化的发动机产生的声功率自谱

L_w-声功率量级;v_e-火箭发动机排气速度;D-火箭发动机喷管直径

1.3.8　发动机产生的由结构传播的振动载荷

除经空气传播的发射过程中的发动机噪声外,还有发动机内部燃烧产生的一些力学激励,这些激励通过发动机机架直接传递到运载火箭上,除了在 1.3.13 节中讨论的周期激励外,通过结构传递的噪声和空气传播式噪声一样具有随机性。另外,与空气传播式噪声随运载器速度增加而减小不一样,结构传递的噪声在发动机工作过程中一直存在。发射过程中,在飞行器内部有效载荷处,因结构传递的噪声而产生的振动量级通常小于空气传播式噪声而产生的振动量级。然而,对于运载火箭发动机连接处附近的结构,必须考虑因结构传递的噪声产生的振动,特别是当这种振动为周期性振动时(见 1.3.13 节)。由发动机直接力学激励产生的结构传递噪声通常覆盖较宽的频率范围(20Hz～2kHz),但其总量值和谱型在很大程度上取决于发动机及发动机连接处附近具体的结构情况,因而必须逐一进行评估。

1.3.9　气动噪声

随着航天飞行器在大气中加速,飞行器和周围空气的相对运动速度会在飞行器结构外表面和大气之间的湍流边界层(TBL)产生脉动压力(通常称为气动噪声)。湍流边界层压力具有随机性。对于平行于空气流动方向的平板结构,湍流边界层压力的量级和谱形通常可以用图 1.8 描述。湍流边界层压力的总量级是飞行动压($q=\rho v^2/2$,其中 ρ 为空气密度,v 为速度)和飞行器马赫数(Ma)的函数,而谱的截止频率 f_0 是速度和边界层位移厚度参数 δ^* 的函数,其中 δ^* 随着到结构前缘距离的增大而增大。不规则几何形状的结构会极大地改变湍流边界层压力的量级和谱形,如级间圆锥形裙段。当马赫数稍大于 0.85 时,一般会产生冲击波,它与湍流边界层共同作用会使压力增大,有时还会产生拍振载荷。整流罩内或舱孔处的空气动力不稳定可能在星上载荷上产生声压波动,尤其是在上升过程中。

湍流边界层压力谱通常包含较宽的频率范围。例如,对一个速度为 $v=500\mathrm{m/s}$ 的飞行器,边界层位移厚度为 $\delta^*=0.01\mathrm{m}$,如图 1.8 所示,截止频率为 $f_0=5\mathrm{kHz}$。对于湍流边界层压力量级的测量和预估,一般都限制在 $10\mathrm{kHz}$ 以下。通常飞行器在大气层上升加速过程中,特定位置处的湍流边界层激励先增大后减小,并在最大飞行动压点处达到最大值(最大飞行动压用 q_{max} 表示)。当然,在跨声速飞行阶段,在飞行器的有些位置,尤其是前端附近的位置,冲击波和边界层的相互作用常常会产生超过最大动压点处的压力量级。在可重复使用飞行器返回地球大气层时,也会产生类似情况,尽管再入时的最大动压通常小于发射时的最大动压。

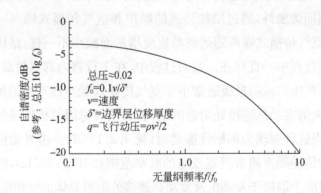

总压≈0.02
$f_0=0.1v/\delta^*$
v=速度
δ^*=边界层位移厚度
q=飞行动压$=\rho v^2/2$

(纵轴)自谱密度 dB(参考:总压 $10\lg f_0$)

(横轴)无量纲频率 f/f_0

图 1.8　归一化的湍流边界层波动压力的自谱

1.3.10　发动机推力瞬变

除了 1.3.5 节和 1.3.6 节中讨论的起飞瞬态过程,液体火箭发动机和固体火箭发动机的启动和关机产生的推力瞬变也是火箭飞行过程中重要的动力学载荷。虽然推力轴近似与运载火箭的纵轴重合,但由于喷管气流的不对称性及同时作用的几个发动机间的微小时差,会在火箭的尾部产生横向载荷和弯矩载荷。最重要的动力学载荷事件应该是推进剂耗尽导致的液体发动机关机。有时因为推力的迅速消失、由不确定的燃烧引起的推力急剧瞬变,或由燃料注入和燃烧的极限环导致的间歇式燃烧不稳定,会引起周期推力振荡(典型情况下频率为 $100\sim1000\text{Hz}$)。由于推力消失相当缓慢和平滑,固体发动机燃料的燃尽和液体发动机按命令关机(不管是由导航系统还是由燃料液位传感器产生)是相对轻微的动力学事件。然而,运载火箭起飞过程中的推力上升是引发运载火箭和航天器低频瞬态载荷和随机载荷的主要因素。通常由推力瞬变引起的重要的运载火箭结构动力学响应在 50Hz 以下的频率范围内。

1.3.11　上升过程中的机动载荷

在运载火箭和上面级动力上升阶段,飞行轨迹是通过用发动机的万向接头改变推力轴(推力定向)或在某些情况下改变多个发动机中的一个推力来控制的。除了因操控推力定向装置而产生的局部载荷,在整个运载器上还有由于沿运载器纵轴和横轴的推力成分的变化而产生的动态载荷。这些机动载荷是由低频气动力和顶风驾驭飞行器时因控制产生的推力定向力组成。这些载荷通常在频率低于 10Hz 时才需要关注。

1.3.12　POGO 振动

使用液体火箭发动机的航天飞行器在上升过程中可能发生的动力学不稳定现象称为 POGO 振动。这种不稳定是由飞行器结构纵向模态引起的振动和发动机推力振荡相互耦合造成的。结构振动的同时还会对流入燃烧室的推进剂的流动产生扰动,进而产生推力振荡。这是一个经典的闭环作用过程,当沿推力方向的加速度幅值和相位对系统所做的正功足以克服结构阻尼和液体损失时,就会产生不稳定现象。POGO 振动大多在飞行器的第一阶纵向模态上发生(像 POGO 高跷运动)。对于中大型运载火箭,一级发动机工作时,POGO振动的发生频率为 $5\sim20\text{Hz}$;二级发动机工作期间 POGO 振动的发生频率为 $17\sim125\text{Hz}$。这种不稳定现象表现为一个幅值缓慢变化的极限环,在数秒到 30s 的时间内,幅值先达到最大值,然后逐渐衰减。在发动机入口、主发动机贮箱内、发动机自身内部安装充气蓄压器是在 POGO 振动发生前消除 POGO 振动及在设计阶段预防 POGO 振动的有效方法。

1.3.13　固体发动机压力脉动

固体发动机在燃烧室的一阶纵向声模态频率处会发生特有的持续自激振动。这种半波模态的频率是由燃烧室的长度和在约 1100m/s 燃气中的声速决定的。这种振动常称作"共振燃烧"或"涡流驱动振荡"。大型发动机多采用分段式结构,段与段之间有空腔或者限流环。这种流动的不连续性导致旋涡脱落,与下游形成对流,与燃烧室声模态发生耦合,从而产生持续不断的振动。连续的振荡过程发生在发动机点火阶段,每次从高于声模态频率开始,然后匀速振荡到接近声模态频率。引起频率在声模态频率附近变化的一个突出因素是:平均流速随时间逐渐减小,而与之成比例的脱落频率发生变化。对于只有一段的小型发动机,旋涡脱落会在发动机尾翼处发生。在发动机顶部测得的振动幅值通常不超过几千帕,有时还包括显著的二次谐波。这种振荡可能会引起结构振动且有时会产生需要关注的振动量级。

1.3.14　箱体内液体晃动

在以液体火箭发动机为动力的运载火箭发射期间,燃烧剂或氧化剂贮箱中的推进剂可能会由于扰动或推力矢量引起的载荷而产生晃动。产生的晃动载荷同时具有瞬态和随机特性,并且通常发生在 5Hz 以下的低频段。需要强调的是,在发射过程中推进剂质量一般占整个运载火箭质量的一半以上。晃动载荷会影响贮箱结构、贮箱与运载火箭连接结构及贮箱支承结构的设计,晃动载荷的量级很大程度上取决于火箭发动机设计细节、扰动或推力矢量引起的载荷。晃动载荷也可能在空间运行期间产生。例如,如果航天器在轨道上是旋转稳定的,因为贮箱的质量中心几乎总是偏离旋转轴,所以必须考虑发生晃动载荷的可能性。另外,应该考虑推进剂晃动与姿态控制系统、桁架和太阳翼帆板等附件的振动模态间可能存在不利的相互作用,因为这些模态分布在 5Hz 附近及以下。

1.3.15　级间和整流罩分离载荷

级间和整流罩的分离(包括助推器组件、头锥体及抛弃的绝缘板)常常借助火工装置完成,因此在局部产生高频瞬态载荷,这将在 1.3.16 节中分类讨论。除火工品引爆产生的局部载荷外,还有运载火箭结构部件快速分离或抛弃过程中的速度突变引起的低频瞬态载荷。这些低频瞬态载荷的特性与分离或抛弃过程密切相关,其能量谱通常集中在 50Hz 以下。但这类低频载荷的特点不完全一致,必须针对不同的分离事件逐个进行分析评估。

1.3.16　火工品引爆产生的载荷

运载火箭的高频瞬态环境的主要来源是火工(爆炸)装置的作用,它产生高加速度、短持续时间的结构响应,通常被称为"火工冲击"。产生火工冲击的设备如下:

(1)点源,即爆炸螺栓、分离螺母、推拉销、切割螺栓、切割索及像雷管等爆炸引爆的操作硬件。点紧固件(螺钉、螺母)的释放也会释放出紧固件内储备的应力能。

(2)线源,如聚能炸药索(FLSC)、柔性导爆索(MDF)、爆炸传播线、扁平管、膨胀管(super zip)等。这些装置含有大量爆炸物,它们会在不到 1s 的时间内产生较大的压力。

(3)组合源,即点源与线源的组合形式,如包带采用点源,能够快速释放结构预加载所存储的应变能,并沿直线作用两个要分离结构的接触面。

实际上,有些火工装置设计成可以容纳所有完成预定功能所需的火工材料产生的气体,因而仅产生直接的机械(结构承受的)载荷。组合火工装置有活塞和活动阀缸等机械装置,如电爆阀、推拉销及某些类型的螺栓和螺母。

其他火工装置用启动时产生数兆帕的压力和二次爆炸来完成它们预定的功能。因此,在空气中启动火工装置时,除了结构传递的载荷,还有空气传递的载荷。非复合火工装置有聚能炸药索、柔性导爆索以及某些类型的螺栓和螺母。

由火工装置产生的火工冲击可以分成三大类:近场火工冲击、中场火工冲击和远场火工冲击,其定义如下:

(1)近场是指结构上与火工源足够近的地方,其响应取决于爆炸源的压缩波的传播,加速度响应峰值超过 5000g,频率带宽至 100kHz 以上,频谱丰富。对于强火工源,如大多数的线源,近场通常包括离源 15cm 以内的区域,中间存在接缝等结构不连续的情况除外。对于如大多数点源的次强火工源,近场通常包括离源 3cm 以内的区域。应当指出的是,用加速度计精确测量近场火工冲击即使能做到,也是非常困难的。作为一种选择,可以考虑用激光振动计或应变计进行近区测量。

(2)中场是指结构上距火工源足够远的区域,其结构响应是由从爆炸源的直接压缩波传播和由结构传递的能量传给结构中的低频弯曲波引起的结构共振两种原因结合引起的,加速度响应峰值为 $1000g \sim 5000g$,频率带宽在 10kHz 以上。对于强火工源,如大多数的线源,中区通常包括离源 15～60cm 的区域。对于大多数点源的次强火工源,中区通常包括离源 3～15cm 的区域。应当指出的是,在一些基础参考资料中,把中场考虑为远场的一部分。

(3)远场是指结构上距火工源足够远的区域,其结构响应是结构传递的能量传给结构中的低频弯曲波引起的结构共振决定的,加速度响应峰值在 $1000g$ 以下,频率带宽小于 10kHz。远场包括中场以外的所有区域。

典型中场火工冲击的结构响应的时间历程和最大冲击响应谱如图 1.9 和图 1.10 所示。

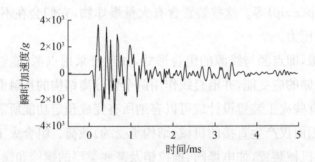

图 1.9　典型的中场火工冲击加速度时间历程

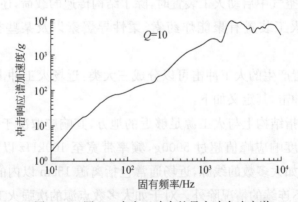

图 1.10　图 1.9 中火工冲击的最大冲击响应谱

1.3.17　飞行操作过程中产生的载荷

飞行器或其有效载荷在空间飞行过程中有一些操作可能会产生瞬态载荷，例如：

(1)天线、太阳帆板及其他附件的展开；

(2)用于轨道或飞行姿态修正的发动机点火；

(3)带扫描功能星上旋转敏感器的启动与停止。

这些运转产生的载荷通常集中在 10Hz 以下的频率范围，并且幅值相对较小。因此，必须进行以下考虑：

(1)因为这些载荷可能产生阻尼非常小的动力响应，所以它们的幅值会影响旋转部件展开铰链或轴承的设计。

(2)因为运转是在太空中发生的，所以这种运转的试验必须在接近真空的环境下进行，以消除空气阻尼对动力响应的影响。

(3)应该对多种源之间的动力学相互作用进行考查，以确保敏感传感器的运转在规定的精度和稳定范围内。

对空中因运转而可能出现的问题必须逐个进行评估。

1.3.18　在轨运行中的振动载荷

除 1.3.17 节讨论的飞行操作载荷外，航天器在轨运行期间，星上转动部件高速转动、大型可控构件驱动机构步进运动、变轨调姿期间推力器点火工作、大型柔性结构进出阴影冷热交变等都会产生一种幅值较小、频率较高的振动载荷，称其为微振动载荷。这种激励可能是稳态随机、周期或瞬态的，并且可能发生在 10Hz～10kHz 的任何频率范围。尽管与其他激励，特别是发射阶段的激励相比，其引起的振动水平要小几个量级，对大部分航天器不会产生明显影响，通常予以忽略。但当微振动作用在具有敏感特性的有效载荷上时（如地球观测卫星），一般都产生了放大作用，这将严重影响星上有效载荷的指向精度、稳定度等重要性能指标。在敏感有效载荷的设计过程中应该考虑微振动载荷，例如，对于基于干涉测量法的成像仪或基础性的物理试验等敏感设备，可以 mg 或 μg 级微振动环境作为极限设计因子。

微振动载荷主要由微扰动源引起。微扰动源的特性可以通过时间或者频率范围来定义，也可以通过两者联合定义。它们可以分为航天器外部（或自然的)扰动源和内部扰动源。外部扰动源和内部扰动源可以根据扰动源项目、物理事件类型、扰动源物理特性和信号类型等进一步分类。

外部(或自然)事件是微振动环境的重点扰动源,主要包括微小流星和碎片的冲击、大气拖拽、地球重力场梯度、地球磁场、太阳流或地球反照率、进入和离开日食等。

内部事件可以对微重力和微振动环境都产生相关的扰动影响。内部扰动源主要包括推进分系统、电子设备分系统、电源分系统、无线电/遥测分系统、热控分系统、结构分系统等。

1.3.19　行星降落、进入行星大气层及着陆

接近和着陆到其他行星的深空探测航天器都与载人飞船返回舱相似,即航天器的设计必须使其进入其他行星的大气层及在其表面着陆时能免于毁坏。当然这种环境条件及设计要求都是特定行星特有的。例如,当进入火星大气和依靠轨道时,10km/s级的进入速度是不同寻常的。如此高的进入速度会引起压力的快速变化和密切相关的热流脉冲。进入火星时,大气压力随时间变化的示意图如图1.11所示。图1.11中的峰值压力载荷组成了一个准静态载荷,航天器的保护伞必须按此载荷来设计。除了这种准静态载荷,还有沿航天器整个外表面的流体动力学边界层产生的波动压力载荷(见1.3.9节)和潜在的风载荷(见1.3.4节),这些在航天器设计中必须考虑。即使行星着陆不是预期的,进入后再离开行星大气层也被设置为多次大气层穿越和一次大气层穿越。这种情况下导致的载荷也必须考虑在航天器设计中。

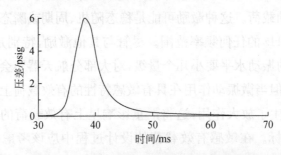

图1.11　进入火星的压力随时间历程示意图

1psig≈6894.75729Pa

着陆期间航天器主体结构和船载仪器承受的瞬态冲击载荷可能达到设计

的临界值。载荷的频率成分和量值强烈地依赖于以下参数：

(1)触地时的速度矢量；

(2)航天器及其防振系统(如果有的话)的动力学特性；

(3)行星表面着陆点的自然状态与特性。

这些参数许多都是随机变量，但它们的相互作用是容易理解的，从而可以在低频段进行确定的动力学分析。

1.3.20　地表穿透

作为对行星或彗星表面探测的一部分，穿透器穿透地表以下一米到几米的深度。在进入行星大气层时，穿透器可以是着陆系统的一部分或者只有它本身。对于后一种情况，穿透器必须如 1.3.18 节中所讨论的，装备进入大气层所需要的星上载荷和热防护系统。为了传回测量数据，需要一个固定在穿透器上的舱，并且舱留在表面。穿透器的穿透深度由以下几个因素决定：

(1)穿透器的质量和形状；

(2)行星地表的材料特性；

(3)探入地表入射角和速度。

由于因素(2)、(3)不易确定，这种情况下的环境载荷通常用一种试验和经验结合的方法来推导。在穿透火星土壤下 1m 时，通常假定穿透体的初速度是每秒数百米的量级。

1.3.21　空间碎片和微流星体碰撞

空间中存在大量的固体物质，包括微流星体和空间碎片(以下简称碎片)。微流星体是指在行星际空间，沿着各种可能的椭圆轨道绕太阳运行的细小的、尘埃大小的固态物体，通常其质量小于 1g。空间碎片是在轨道上已失效的一切人造物体(包括它们的碎片和部件)。

无论航天器是进行地球轨道飞行还是进行深空飞行，都需要一定程度的碎片撞击防护，通常表述为"在规定碎片环境下航天器最小生存概率"。对于早期的地球轨道运行和星际飞行任务，使用的最小概率是 95%。

碎片环境取决于航天器轨道、速度和任务周期等几个因素，可以用"碎片流密度"这一名词来描述特征，其定义为单位面积遭遇的质量大于或等于规定值的碎片的数量。除了规定质量数值外，还规定了质量密度和加权平均速度。碎片的平均速度为 5～20km/s,其会产生极高频率但极度局部化的瞬态载荷。在实际情况中,碎片质量为 $10^{-6}\sim10^{-2}$g,此环境下最恰当的流行撞击防护程度可以用密度与质量在 log-log 坐标下的一条直线来表述。航天器子系统需要根据任务要求的成功概率来确定防护粒子的尺寸。

1.3.22　环境概要

表 1.1 总结了本书设计的航天飞行器的动力学载荷环境。表 1.1 中的环境按如下两种方式进行分类:

(1)环境是以机械运动载荷还是以压力载荷来进行测量和表述的;

(2)环境类型为平稳随机载荷、周期载荷和瞬态载荷。

这里"平稳随机"和"周期"的使用并不是很严格,而是包含载荷的平均特征,这些载荷是时变(非平稳)的,但其随时间变化足够慢以至于允许按分段平稳来考虑。

表 1.1　航天飞行器动力学环境概要

环境	对应章节号	机械运动(M)或压力(P)	平稳随机(R),周期(P)或瞬态(T)	上限频率/Hz
运输	1.3.2	M	R,P 和(或)T	50
发射前的地震载荷	1.3.3	M	T	20
风和紊流	1.3.4	P	R	20
火箭发动机点火超压	1.3.5	P	T	40
起飞释放载荷	1.3.6	M	T	20
发动机喷流噪声	1.3.7	P	R	10000
发动机产生的由结构传播的振动载荷	1.3.8	M	R 和 P	2000
气动噪声	1.3.9	P	R	10000
发动机推力瞬变	1.3.10	M	T	100
上升过程中的机动载荷	1.3.11	M	T	10
POGO 振动	1.3.12	M 和 P	P	125
固体发动机压力脉动	1.3.13	P	R	1000
箱体内液体晃动	1.3.14	M 和 P	R	5
级间和整流罩分离载荷	1.3.15	M	T	50
火工品引爆产生的载荷	1.3.16	M 和 P	T	100000

续表

环境	对应章节号	机械运动(M)或压力(P)	平稳随机(R),周期(P)或瞬态(T)	上限频率/Hz
飞行操作过程中产生的载荷	1.3.17	M	T	10
在轨运行中的振动载荷	1.3.18	M	R,P和(或)T	10000
行星降落、进入行星大气层及着陆	1.3.19	M 和 P	R 和(或)T	10000
地表穿透	1.3.20	M	T	3000
空间碎片和微流星体碰撞	1.3.21	M	T	—

参 考 文 献

[1] 马兴瑞,于登云,韩增尧,等. 星箭力学环境分析与试验技术研究进展. 宇航学报,2006,27(3):323-331.

[2] Bendat J S,Piersol A G. Random Data:Analysis and Measurement Procedures. New York:Wiley,2000.

[3] Bendat J S,Piersol A G. Engineering Applications of Correlation and Spectral Analysis. New York:Wiley,1993.

第 2 章　激励预示分析

为了预示航天器及其部件对动力学环境激励的响应及相关的结构载荷,必须首先将 1.3.22 节中的动力学环境转化为明确的激励(外力)函数。因此,将表 1.1 中的 20 种环境按表 2.1 所示分类归纳为 8 种类型的激励。

表 2.1　动力学环境激励类型

激励类型	动力学环境
低频瞬态激励	运输、地震事件、火箭发动机点火过压、起飞释放、发动机推力瞬变、机动载荷、级间/整流罩分离、飞行中的操控动作、地表穿透
低频随机激励	运输、风和紊流、箱体内液体晃动
准周期激励	运输、发动机振荡燃烧、POGO 振动、固体发动机压力振荡、在轨运行中产生的微振动载荷
外声场噪声激励	发动机声场噪声
外声场气动噪声激励	气动噪声、星际降落和再入
内声场噪声激励	发动机噪声、气动噪声、星际降落和再入
结构传播式振动激励	发动机产生的振动、星载设备运行
高频瞬态激励	爆炸分离、空间碎片撞击

2.1　低频瞬态激励

航天器基本结构的设计要求通常取决于低频瞬态载荷。参照表 2.1,低频瞬态载荷来源较多,有压力载荷形式的(如火箭发动机点火过压),也有运动输入形式的(如起飞释放),详细说明见第 1 章。在设计航天器时一个最困难的问题是如何用确定的方法准确地描述这些载荷。通常情况下,有大量的变量影响着激励的形式。部分变量对激励的影响易于理解,并可以用公式描述,然而很多变量存在很大的不确定性,很难表征。根据这两种变量对激励影响的相关程度,采用确定性方法或统计方法来建立激励模型。第 1 章已总结了有关低频瞬态激励的基本特征。

2.1.1 分析模型

对于运载火箭而言,在表 2.1 中总结的载荷,除了地表穿透,其他都必须量化合成一个或者多个激励。这些激励的预示过程就是依据第 1 章中相应小节讨论的,在空间、时域/频域的维度上合成和描述所有外部激励的过程。当这些激励作为输入施加到运载火箭和有效载荷的组合体时,星箭/器箭连接界面处会产生激励响应。通常而言,该处的响应即为航天器受到的所有或部分低频瞬态激励。因此,从分析方法上看,用来预示航天器安装界面激励的方法与预示运载火箭响应的方法没有本质区别,当然,也有一些激励只作用于航天器,如运输载荷。

1. 运载火箭起飞激励

在设计航天器时,起飞释放过程产生的低频瞬态激励载荷非常重要。确定起飞释放过程的动态激励,需经过多次试验,并在火箭发动机的实际点火过程进行大量测量后综合分析确定。使用的综合分析方法没有统一标准,通常起飞释放过程的瞬态激励根据以下测量结果合成:①主发动机推力瞬变载荷和横向载荷;②固体火箭助推器点火过程的内压和过压;③闭环响应修正产生的飞行控制力;④风和抖振载荷;⑤火箭释放前发射台上牵引装置的反作用力。

首先采用能描述上述载荷物理特性的多个变量对这些激励分别进行详细建模,建立的模型可以基于经验或理论,但都应通过试验数据验证。例如,运载火箭主发动机推力和侧向载荷由液体发动机推力增大过程、推力轮廓线(基于实验室试验测量)和气流交替进出喷嘴产生的侧向力等变量描述(见 1.3.10节)。为了区分左右两侧助推器,模拟不匹配状态,固体火箭助推器(SRB)的推力和内压增大分别用两组变量建模。一般用压力时间历程来描述因 SRB 的排气、周围空气以及发动机点火过程喷气的相互作用产生的过压脉冲(见 1.3.5节)。在发射塔架上竖立期间,火箭尾部的结构约束反力是由于向内或者向外的未对中而产生的作用力。计算约束反力的变化时,要适当考虑该作用力与模拟外部贮箱的低温收缩力的叠加。这种约束反力的变化仅用于起飞释放后的自由-自由竖立状态(见 1.3.6节)。当然,如果发射场在地震多发带,还必须考虑起飞前可能的地震载荷。

载荷单独建模后得到一组起飞过程中明确的时间间隔依次施加在航天器

指定部位的瞬态载荷,例如,航天器在发射台上时,起飞过程的瞬态激励包括推力和过压分量。对这些激励进行估计,并确定相应的基础约束反力,然后将基础约束反力和起飞激励同时作用到自由-自由状态的火箭上。前述所有的力可施加到航天器的有限元模型(FEM),通过瞬态分析法来求解模型的动力学响应。

如上述讨论,对产生起飞激励的各种现象的定义取决于很多变量,这些变量本质上多是随机的。设计载荷需满足统计 P99/90(概率 99%,置信度 90%)的估计值。

2. 起飞激励

按照前面讨论的运载火箭激励,对星箭组合结构进行早期的瞬态分析是一种直接预示星箭界面处的起飞瞬态激励的方法。为了在合理的资源和时间内完成瞬态分析,航天器模型通常在细节上进行大量简化,并尽量减少动力学自由度数量。然而,简化航天器模型的阻抗特性与精细模型的阻抗特性不完全相同,将导致激励的预示是一定程度的近似。该激励一旦确定,就可以作为已知载荷来预示该航天器精细模型或者同类运载火箭上其他航天器的响应。

2.1.2 外推法

外推法主要用于预示航天器的激励。动力学工程师通常处理的是给定扰动或激励求解系统响应的正问题。然而,外推法涉及反问题,顾名思义,是已知系统的响应求解其激励。系统的响应可能是飞行实测(见 2.1.3 节)的结果,可能是力、加速度,或者两者兼而有之。目前已有一些分析方法用于从响应推断相应的激励。要实现这一目的,需要一个能精确描述载荷从输入到输出传递的结构模型。

假定在火箭和航天器界面处测得一组加速度值 $\{a(t)\}=\{a_1(t), a_2(t), \cdots,$ $a_6(t)\}^{\mathrm{T}}$,需要定义对应火箭尾部瞬态激励力和力矩的六个分量 $\{F(t)\}=$ $\{F_1(t), F_2(t), \cdots, F_6(t)\}$。在频域内激励 $\{F(t)\}$ 的傅里叶变换和响应 $\{a(t)\}$ 的傅里叶变换的关系满足:

$$\{F(f)\}=[M(f)]\{A(f)\} \tag{2.1}$$

式中,$[M(f)]$ 表示系统的动态质量,计算公式为

$$[M(f)]=[\varphi_{\mathrm{ir}} M_{\mathrm{rr}}^{-1} \varphi_{\mathrm{br}}+\varphi_{\mathrm{ie}} Z(f)^{-1} \varphi_{\mathrm{be}}]^{-1} \tag{2.2}$$

式中,矩阵 φ_{br} 和 φ_{ir} 分别表示火箭尾(底)部(激励处)和火箭与航天器界面处(响应处)的刚体模态振型;φ_{be} 和 φ_{ie} 分别表示火箭尾部和火箭与航天器界面处的弹性模态振型;M_{rr} 表示该系统 6×6 的刚体质量矩阵;$Z(f)^{-1}$ 表示关于每个弹性模态的对角矩阵,

$$Z_n(f)^{-1} = \frac{(f/f_n)^2}{M_n[1-(f/f_n)^2+\mathrm{j}2\zeta_n(f/f_n)]} \qquad (2.3)$$

式(2.3)中每个弹性模态($n=1,2,\cdots,N$)由广义质量 M_n、模态阻尼比 ζ_n 和固有频率 f_n 确定。

激励$\{F(t)\}$一旦确定,可以用于预示同类型运载火箭上新航天器的响应。特别是通过修改界面阻抗特性参数来体现新旧载荷之间的不同时,外推法非常有用,具体将在后续响应预示时进一步讨论。然而,应该注意到,由于对响应测量的精度和星箭组合结构模型的准确度非常敏感,反问题的求解精度一直受到质疑。

2.1.3　直接测量法

对于运载火箭,一般通过大量的地面试验直接测量其动力学环境,如固体和(或)液体火箭发动机的静态点火试验、级间分离试验、整流罩分离试验和噪声为主要激励源的声试验。测量的目的是获取基础数据,用于激励描述、确定航天器的振动特征和表征运载火箭自身的设计余量。目前已经通过遥测技术成功地实现了实际飞行过程中一些响应量的测量,如适当位置的加速度或者关键结构处的力和(或)应变。通过这些飞行实测数据可以达到以下目的:①验证以设计载荷为基础的分析精度;②验证飞行环境本身;③验证可用于未来飞行的预示方法。

飞行遥测数据获取受限于遥测通道,因此特别需要做好飞行遥测规划,并根据已完成的测量结果进行灵活修改。正如 2.1.2 节中所述,仍需利用外推法以建立更完整的环境描述。

最依赖直接测量法的领域是运输载荷的确定,其一般产生低频瞬态激励。测量运输环境时,对仪器和数据采集系统的限制是最小的。对汽车而言,瞬态激励源通常是路面缺陷(坑洞);对铁路车辆而言,瞬态激励源是铁轨的不连续(接头、道岔等);对飞机而言,瞬态激励主要是着陆面的粗糙不平。无论是瞬态激励还是稳态激励(见 2.2 节),一般都将运输车辆不同位置的响应数据直接处理为加速度幅值-频率的函数。关于由测量的响应数据确定激励的技术已在

2.1.2节中讨论。

2.1.4　评估

低频瞬态激励源于多种复杂环境且与实际情况密切相关。一般来说,在初样阶段,常综合运用分析和外推两种技术来合成激励;而在初次静态点火和发射时,采用直接测量法并利用结果对之前的预示进行修正。

2.2　低频随机激励

如表2.1所示,低频段的随机载荷主要与运输、箱体内液体晃动以及风和紊流(包括由于气流绕火箭流动引起的抖振)等有关。

2.2.1　分析模型法

建立由于运输和液体晃动引起的低频随机激励的分析模型所用的方法与2.1节中建立低频瞬态激励模型的方法相同。航天器主要承受的低频稳态或准稳态随机激励通常是发生在发射前或起飞过程中以及早期上升段的风和抖振载荷。实际绕运载火箭流动的大气气流(风)不是稳定的。气流紊流会产生一个随机变化的压力场,并且在气流分离时非常严重,即产生抖振。因此,要正确地描述该激励和弹性体的响应,必须考虑紊流的随机特性。大气紊流的随机特性是由大气黏性、密度、温度、压力、湿度和速度分布等非定常参数间极复杂的相互作用产生的。紊流载荷的模型一般用功率谱和空间相关性来表述,详细讨论见2.5.1节。

2.2.2　缩比模型法

由于紊流具有极其复杂的特性,常在风洞和其他模拟设备中采用缩比模型。从控制动力相似的相关物理参数可知,可以用量纲分析法来推导合适的比例因子。首先必须保证在几何形状、质量和刚度分布上的相似性,同时必须保证模型在相应流场的状态不变。其他的比例因子包括边界层厚度与模型尺寸的比值、紊流的频谱、流速、模型的固有频率、模型质量和被排开流体的质量比以及阻尼值。当然,进行缩比模型设计时,所有参数满足相似准则是不可能的,必须根据试验目的进行取舍。

2.2.3 外推法

如前所述,低频随机载荷的大小和分布受结构弹性的影响很大。实际上,抖振是由大气紊流和结构弹性的相互耦合引起的。可以通过对全尺寸模型(见2.2.4节)或缩比模型(见2.2.2节)进行测量直接确定激励。基于全尺寸模型测量的激励主要用于验证和建立后续研发用的数据库;而缩比模型试验结果通常用于评估飞行器论证阶段的设计方案。正如2.2.2节所述,设计一个所有参数满足相似关系的缩比模型是很困难的,可以通过外推法进一步利用全尺寸模型测量结果和修正缩比模型结果。具体的外推法有很多种,下面讨论其中一种。

假设需要利用现有飞行器结构的风洞试验数据确定新论证的飞行器结构的脉动压力。可通过几何形状相同的刚性尾段模型在风洞试验中的压力谱推导和预示出弹性尾段的抖振压力。

2.2.4 直接测量法

如1.2.5节所述,激励的直接测量结果可用谱密度函数的形式给出。为描绘整个表面的激励情况,可在运载火箭表面多个分散的位置同时进行测量。抖振压力的空间相关性对于精确预示响应是非常重要的。

2.2.5 其他方法

有时,某种激励只能通过反复迭代修正逼近响应结果的方法来推导,如大力神-4运载火箭,没有固体发动机空气动力载荷的风洞试验数据,所以只能根据确定的载荷界面响应的包络反推出一个固体发动机顶部的低频等效激励。

考虑风载和气动力,甚至在某些情况下考虑非常小的力,对于得到更准确的预示大表面结构的激励,都是必要的,如用于辅助着陆系统稳定和减速的展开降落伞,以及作为推进系统运送航天器到达目的地的太阳帆。

2.2.6 评估

低频随机激励的来源复杂,且与实际情况密切相关。一般在初样阶段,综合运用分析和外推两种技术来合成激励。但是竖立在发射台上的火箭缩比模型更有效,特别是风载的公式化。而对竖立在发射台上和首次发射的火箭而言,应进行直接测量并对早期的预示进行修正。

2.3　准周期激励

参照表 2.1,准周期激励主要源自两种自激励:POGO 的非稳定性振动和固体火箭发动机的谐振燃烧。这两种激励源的大小无法通过分析预测,只能根据大量的实测数据统计分析获得。POGO 振动引起的损伤严重程度只有在实际飞行过程中才能观测到,而且已知其在多次飞行后会没有明显原因就显著增加,如在土星 V 的 S-Ⅱ 级飞行阶段,POGO 振动的量级达到了前十二次飞行中最高水平的四倍,超出了负载能力的两倍。特别是当一些抑制 POGO 非稳定性的方案成功实施后,还带有 POGO 非稳定性的飞行是非常危险的。对于发动机谐振燃烧的情况,必须通过静态点火试验以确定由其导致的压力振荡的严重程度。

低量级的准周期激励可能是由于运输车和(或)自身携带的设备工作引起的载荷。具体来说,在陆运、海运或者空运过程中由于往复式发动机、旋转驱动轴和螺旋桨等作用,航天器和(或)它的部件经常承受准周期激励。类似地,在航天器或其有效载荷上的有旋转部件的设备也会产生准周期激励。具体运输载荷规范可参考 GJB 150.16A—2009 等相关规定。自身携带设备引起的准周期载荷必须逐个评估。

2.4　外部噪声激励

如 1.3.7 节所述,航天器及其有效载荷的主要高频动载荷通常是由发动机在起飞喷流阶段产生的密集声压场造成的。结构可以根据声压划分区域,每个区域内的声压相对均匀,声压通常可以用 1.2.7 节和 1.2.8 节中定义的最大值的 1/3 倍频程谱来预示。通常用四种方法来预测飞行器结构起飞阶段外部的声压:声功率法、声场缩比模型法、外推法和直接测量法。

2.4.1　声功率法

1. 总声功率级

常规的火箭噪声理论和经验数据可用来预测火箭发动机起飞阶段产生的

总声功率级。不考虑排气装置变形影响的单个火箭发动机产生的总声功率级
(L_W)的早期估值由式(2.4)给出：

$$L_W(\text{ref}:10^{-12}\text{W})=68+13.5\lg(9.1Fv_e) \tag{2.4}$$

式中，v_e 为喷口处的排气速度，m/s；F 为每个火箭引擎/发动机的总推力，N。
然而，式(2.4)预测出的大型火箭发动机($F>500$kN)的声功率级过大，因此建
议对于大型火箭的总声功率级采用更精确的估值法，即

$$L_W(\text{ref}:10^{-12}\text{W})=120+10\lg(0.005Fv_e) \tag{2.5}$$

式中，F 和 v_e 如式(2.4)中定义。当有两个或更多的火箭引擎/发动机捆绑在
一起时，n 个火箭发动机捆绑在一起产生的总声功率级为

$$L_W(\text{ref}:10^{-12}\text{W})=10\lg\sum_{i=1}^{n}10^{L_{Wi}/10} \tag{2.6}$$

例如，假设有三个相对小的火箭发动机，每个产生 $F=100$kN 的推力，排气
速度 $v_e=3$km/s，捆绑在一起后可提供 300kN 的推力。每个发动机产生的声功
率级由式(2.4)或式(2.5)计算可得 $L_{Wi}=182$dB。这样，三个发动机捆绑后的
系统的总声功率级由式(2.6)可得 $L_W=187$dB。

应该注意到式(2.5)中假设了一个 1% 的声学效率，这是一个保守值。如
果要获得一个无偏转火箭尾喷的更一般的预测值，应该假设声学效率为
0.5%，这相当于从式(2.5)中减去了 3dB。喷气变流装置通常会减小声学效
率，甚至尾喷气对平板的垂直冲击会使声学效率少于 0.05%。然而，与无偏尾
喷的噪声相比，有偏的火箭尾喷常会在飞行器外部产生更高的声量级，这是由
尾喷噪声的方向模式造成的。

2. 声功率谱级

当作为归一化频率的参数斯特劳哈尔数(Sr)的函数时，由液体推进火箭发
动机和固体推进火箭发动机产生的声功率谱型收缩很好。Sr 定义如下：

$$Sr=\frac{fD_e}{v_e} \tag{2.7}$$

式中，D_e 为喷管出口截面直径；v_e 为排气速度。图 2.1 中给出了推力在
1.56kN 与 31000kN 之间的火箭发动机的归一化声功率谱(在 1Hz 频带内的声
功率量级)。在两个或更多的发动机捆绑在一起的例子中，n 个发动机捆绑的
系统等效喷管出口截面直径可近似为

$$D_e=\sqrt{n}D_{ei} \tag{2.8}$$

式中,D_{ei}为每个独立喷管的出口截面直径。

图 2.1 中的声功率谱量级可运用下面的关系转化到任意想要的频带上(通常是 1/3 倍频程):

$$L_{\mathrm{WB}}(f_{\mathrm{B}})(\mathrm{ref};10^{-12}\mathrm{W})=10\lg\Big(\frac{W(f_{\mathrm{B}})}{W_{\mathrm{OA}}}\frac{v_{\mathrm{e}}}{D_{\mathrm{e}}}\Big)+L_{\mathrm{W}}-10\lg\Big(\frac{v_{\mathrm{e}}}{D_{\mathrm{e}}}\Big)+10\lg B \quad (2.9)$$

式中,B 为 1/3 倍频程的带宽,Hz,$B\approx0.23f_{\mathrm{B}}$,$f_{\mathrm{B}}$ 为带宽 B 的中心频率,Hz;$L_{\mathrm{WB}}(f_{\mathrm{B}})$为带宽 B 范围内在中心频率点 f_{B} 的声功率量级,dB(基准声功率$10^{-12}\mathrm{W}$);$W(f_{\mathrm{B}})$为在频率点 f_{B} 上的声功率谱,W;W_{OA}为总声功率,W;L_{W}为总声功率量级,dB(基准声功率$10^{-12}\mathrm{W}$);V_{e}为火箭发动机尾喷气速度,m/s;D_{e}为火箭发动机喷管出口截面直径,m。

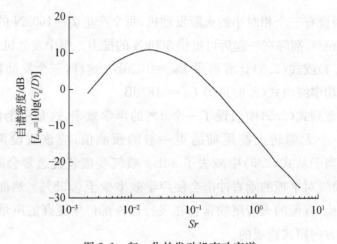

图 2.1　归一化的发动机声功率谱

3.1/3 倍频程声压级

由方程(2.9)确定的 1/3 倍频程点上的声功率级可被转化为 1/3 倍频程点上的声压级,由 L_{PB} 表示,飞行器结构外部的任意点都可使用下列关系:

$$L_{\mathrm{PB}}(f_{\mathrm{B}})(\mathrm{ref};20\mu\mathrm{Pa})=L_{\mathrm{WB}}(f_{\mathrm{B}})-20\lg R+\mathrm{DI}(\phi,f_{\mathrm{B}})-11 \quad (2.10)$$

式中,$L_{\mathrm{WB}}(f_{\mathrm{B}})$为由方程(2.9)计算而得的频带宽 B 上的声功率级;R 为与源之间的距离,m;$\mathrm{DI}(\phi,f_{\mathrm{B}})$为基于来自尾喷流轴线的角度 ϕ 和带宽中心频率 f_{B} 的定向指数。

在实际应用中,方程(2.10)需要考虑一些因素进行修正,包括变流装置外形、发射台水淋(如有使用)以及来自地面和附近结构的反射。尾喷气中声源的位置频率范围变化较大,这会影响方程(2.10)中距离 R 和角度 ϕ。由喷水引起的噪声抑制数据在后续章节中进行总结。

4. 空间相关性

为了精确预示结构对火箭发动机产生的声压级的响应,需要知道结构表面一点到另一点的压力量级的空间相关性。人们对火箭产生的声压的空间相关性进行了大量经验性的研究,并从中归纳总结出航天器结构起飞阶段的外表面压力的空间相关性如下:

$$\begin{cases} x(\Delta x, f) \approx \exp(-a_x k_x \Delta x) \cos(k_x \Delta x) \\ y(\Delta y, f) \approx \exp(-a_y k_y \Delta y) \cos(k_y \Delta y) \end{cases} \quad (2.11)$$

式中,x 为飞行器的纵轴;y 为飞行器的周向;Δx、Δy 分别为沿 x 轴、y 轴的距离;k_x、k_y 分别为沿 x 轴、y 轴的轨迹波数;a_x、a_y 为经验系数。

虽然轨迹波数和经验系数的值在推荐值附近会稍有变化,但是这里仍推荐一些值,即

$$k_x = \sin\beta(f/c_0), \quad k_y = \cos\beta(f/c_0), \quad a_x = 0.032, \quad a_y = 0.31 \quad (2.12)$$

式中,c_0 为本地大气环境的声速;β 为声波与航天器轴向的入射角,是变流装置的函数。

5. 喷水

当航天器在起飞阶段并处于发射台或其附近时,火箭发动机产生的声压级可以通过从发射装置顶部,尾喷管和(或)变流装置顶部喷水进行抑制。喷水还可显著抑制火箭发动机点火过压载荷。喷水抑制噪声的物理机理还未完全清楚,因此无法得到噪声降低的精确解析形式。但是国外已经获得了大量的经验数据,可用于经验性的评估,如图 2.2 所示[1]。目前国内对 CZ-5 火箭也开始积累相关数据。

2.4.2　声场缩比模型

虽然成本很高,但是声场的几何相似模型可以较适度地对航天器起飞阶段的外部声载荷进行预示,尤其是缩比模型试验可进行不同变流配置、水喷淋系统以及其他降噪手段的整体评估。为了利用缩比模型获得更好的结果,需要精

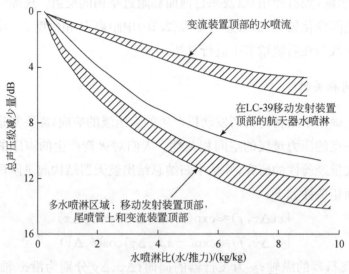

图 2.2　喷水产生的总声压级降低情况[1]

确地模拟火箭尾喷流的基本特性,如尾喷气的密度、速度、马赫数以及出口静压。对这些参数正确模拟后,火箭的声功率级和航天器不同位置的声压的几何相似律归纳如下:声功率和声压级几何相似律由方程(2.5)和方程(2.10)给出,频率几何相似律由方程(2.7)给出:

$$L_{Wf}(ref:10^{-12}W) = L_{Wm} + 10lg(F_f/F_m)$$
$$L_{PBf}(f_{Bf})(ref:20\mu Pa) = L_{PBm}(f_{Bm}) + 10lg(R_f/R_m) \qquad (2.13)$$
$$f_{Bf} = f_{Bm}(D_{em}/D_{ef})$$

式中,下标 f 表示全尺寸模型,下标 m 表示相似模型。因为各种实际问题,所以一般推荐几何相似模型的尺寸不要小于全尺寸的 5%。

2.4.3　外推法

若某新型号航天器和它的发射装置与以前的航天器和发射装置在设计上具有较强的相似性,且以前的航天器进行了起飞阶段的声学测量,新航天器起飞阶段的外部声环境预示可通过简单的外推法来实现,可用式(2.13)的相似律将以前航天器的测量值外推到新航天器上,其中下标 f 和 m 分别指新航天器和以前的航天器。当然,以上是假设火箭尾喷气的基本特性(密度、速度、马赫数和喷口静压)和发射装置的特征(变流器结构、喷水系统和附近的反射结构)相同的基础上。在大多数情况下,新旧两种航天器相似度很高的情况是不存在的,由外推法获得声压级的过程中最严重的错误通常来源于新旧发射台的不同,特别是变流器结构的不同。因此,应对不同变流器结构而得的外推声压进行修正,但这也可能引起外推量级误差增加。

2.4.4 直接测量法

一般应该在设计、制造和发射之前对航天器起飞阶段的外部声载荷完成预示。然而,在航天器首次或者前几次发射中可以用直接测量法对前期的预示进行验证。对喷流噪声直接测量最好的方法就是在结构上安装声传感器,其振动膜片与结构表面平齐。该传感器还可测量爬升至跨声速段再到最大动压段的空气动力学载荷(见 2.5.4 节)。当然这样的测量系统安装在一次性的运载火箭上尤其昂贵,相对而言,在可重复使用运载器上还是较经济的。例如,三个传声器被安装在首次发射的航天飞机的外部,在前五次发射中对声和气动噪声进行了测量。

起飞时的噪声也可用安装在发射装置结构或其他地面结构上的声传感器进行测量。这种地面测量不在运载结构外表面,也不会随着运载发射而移动。在起飞开始时,可以使用如式(2.13)的外推法,对声传感器的测量结果进行修正,并用于描述结构外部的声压级。但是结构外部最大的声压级通常发生在起飞几秒后,此时航天器已经距离发射台 5～30m,因此地面测量法不能用来精确预测最大量级。

2.4.5 评估

表 2.2 对预示航天器起飞阶段外部声载荷各种方法的优缺点进行了粗略总结。预示方法的准确性与预示的时机密切相关。举例说明,如果在火箭发动机第一次试验点火时进行声学测量,那么基于这种测量,由声功率法和外推法联合做出的预示准确性可以提高到一个新的级别。同样,一些预示法的准确度与当前航天器及发射工具和之前的航天器及发射工具的相似度有很大关系。在这种情况下,外推法非常精确。另外,两种或更多种的预示方法通常被一起使用来增加结果的可信度,即有时在首次发射期间会在结构的一个或几个位置上进行直接测量以验证前期的预示结果。

表 2.2　预示起飞阶段外部声载荷的各种方法的优缺点比较

优点	声功率法	缩比模型法	外推法	直接测量法 *
相对实物易于实现	是	否	是	否
初步设计阶段可用	是	否	是	否
火箭发动机首次试车前可用	是	是	是	否
飞行器首次发射前可用	是	是	是	否
全新设计的火箭发动机可用	是	是	否	是
全新的发射台配置可用	是	是	否	是

* 假设飞行器结构外表面的测量已完成。

2.5　外部气动激励

航天器及其有效载荷在大气层中飞行时,其高频气动载荷主要来源于航天器穿过大气层时位于航天器外表面和空气间的湍流边界层(TBL)产生的脉动压力。与 2.4 节中讨论的起飞过程中的噪声载荷一样,结构上不同位置的脉动压力也可分为几个区域,每个区域中的脉动压力基本相等。这些脉动压力可用最大值的1/3倍频程谱定义(见 1.2.7 节和 1.2.8 节)。有四种方法可用于预示航天器穿过大气层时外表面上的湍流边界层脉动压力,分别是边界层预测法、风洞缩比模型法、外推法和直接测量法。

2.5.1　边界层预测法

1. 总脉动压力级

在大气层中飞行时,飞行器外表面由于湍流边界层产生的总脉动压力级可采用以下计算公式进行估算:

$$L_{FP}(\text{ref}:20\mu\text{Pa}) = 20\lg\left(\frac{C_q q}{1+0.14Ma^2}\right) \tag{2.14}$$

式中,q 为飞行动压,$q = \frac{1}{2}\rho U_\infty^2$,Pa,$\rho$ 为飞行海拔空气密度,kg/m³,U_∞ 为飞行器在自由气流空气中的速度,m/s;Ma 为飞行器的马赫数;C_q 为比例常数。

比例常数 C_q 取决于航天器结构的几何形状、结构上的位置和马赫数。对于紊流附面层,比例常数 C_q 按舱壁表面情况分为两种:光滑壁面情况,一般

$C_q = 0.006$，粗糙壁面情况，一般 $C_q = 0.018$；对于分离流，比例常数 $C_q = 0.045$[2]。

在亚声速和跨声速飞行中，结构不连续的位置附近的气流分开或与冲击波相互作用。对这些位置的局部脉动压力量级的估计非常重要，最好用 2.5.2 节中的风洞缩比模型方法。

2. 脉动压力谱级

附着湍流边界层产生的脉动压力谱——无量纲频率 f/f_0 的曲线，其形状收缩很好。其中 f_0 称为特征频率，定义如下：

$$f_0 = 0.1 \frac{U_\infty}{\delta^*} \tag{2.15}$$

式中，δ^* 为边界层的位移厚度，即因为边界层形成后气流的外部流线的移动距离。边界层位移厚度与边界层厚度 δ 相关。一般定义边界层厚度为结构表面与边界层速度和外部速度相差约为 1% 位置处之间的距离，即

$$\delta = 0.37 L Re^{-0.2} \tag{2.16}$$

式中，L 为与前缘的距离；Re 为雷诺数。

δ^* 与 δ 之间的关系取决于气流的种类（层流或湍流）、入射角和马赫数。对于平板结构的湍流，零入射角时，有

$$\delta^* = \frac{\delta}{8} \tag{2.17}$$

人们最关心的是航天器穿过最大动压（$q_{\max}$）区域时的湍流边界层脉动压力量级，经常发生在航天器发射段，马赫数为 1.2~1.4。在该马赫数范围内边界层的位移厚度可近似表示为

$$\delta^* = \begin{cases} 0.0016L, & L \geqslant 3.1\mathrm{m} \\ 0.005, & L < 3.1\mathrm{m} \end{cases} \tag{2.18}$$

在缺乏详细测量数据时，建议画 1Hz 带宽上的归一化脉动压力谱 $L_{FP}(f)$，如图 2.3 所示。当 $f \leqslant f_0$ 时，图 2.3 中的谱近似等于

$$L_{FP}(f/f_0)(\mathrm{ref}:20\mu\mathrm{Pa}) = L_{FP} + 10\lg\left[\frac{0.5}{1+0.44(f/f_0)}\right] - 10\lg f_0 \tag{2.19}$$

在跨声速和超声速飞行时，航天器的某些位置容易发生气流分离，并与冲击波相互作用。此时，脉动湍流边界层压力谱逐步向低频减小，如图 2.4 所示，归一化的标准偏差和脉动压力谱在几个区域都出现 $45°$ 的斜线。最高量级和最低频率出现在振动冲击波所在的位置。虽然振动冲击波的影响是局部的，但是

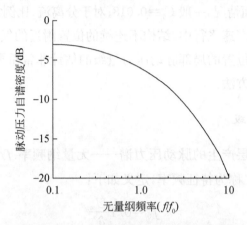

图 2.3　归一化的湍流边界层脉动压力谱

沿流动方向的脉动压力量级明显更高,压力谱更集中于低频段,而不是附着流的振荡冲击处。可以通过经验公式计算分离流产生的脉动压力谱,但是风洞试验(见 2.5.2 节)仍然是估计分离流条件的最好方法。

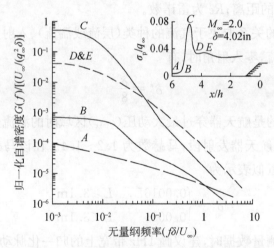

图 2.4　归一化分离湍流边界层脉动压力谱[3]

δ-边界层厚度;q_∞-自由气流飞行动压;U_∞-自由气流速度;x-斜线前移距离;

h-斜线高度;σ_p-脉动压力均方根

3.1/3 倍频程脉动压力级

图 2.3 所示的归一化脉动压力谱可以变成其他需要带宽上(较常用的是

1/3倍频带)的谱,首先计算 f_0,然后将频率按比例缩放到绝对频率 f(单位 Hz),最后使用式(2.20):

$$L_{FP}(B, f_B)(\text{ref}: 20\mu\text{Pa}) = L_{FP}(f_B) + 10\lg B \qquad (2.20)$$

式中,B 为带宽,Hz,对 1/3 倍频带而言,$B \approx 0.23 f_B$;f_B 为带宽 B 的中心频率, Hz;$L_{FP}(B, f_B)$ 为带宽 B 在中心频率 f_B 处的脉动压力级,dB(ref: 20μPa); $L_{FP}(f_B)$ 为频率 f_B 处的脉动压力谱级。

4. 空间相关性

对湍流边界层的空间相关已经做了很多经验研究。在实际应用时,根据互谱的实部(见 1.2.12 节)和相关的对流速度来描述空间相关更方便。定义所有的谱值的单位 $\omega = 2\pi f(\text{rad/s})$,而不是圆频率 $f(\text{Hz})$。此时认为航天器外表面上脉动压力的互谱的实部是由航天器飞过大气层过程中产生的附着湍流边界层引起的,表达式如下:

$$G_{\text{re};x}(\Delta x, \omega) \approx G(\omega) A_x(\Delta x, \omega) \cos\left(\frac{\omega \Delta x}{U_c}\right)$$

$$G_{\text{re};y}(\Delta y, \omega) \approx G(\omega) A_y(\Delta y, \omega) \cos\left(\frac{\omega \Delta y}{U_c}\right) \qquad (2.21)$$

式中,x 表示航天器的纵轴(沿运动方向);y 表示航天器的横轴(垂直于运动方向);Δx、Δy 分别表示沿 x、y 轴的分离距离,m;U_c 表示沿 x 轴的对流速度; $A_x(\Delta x, \omega)$、$A_y(\Delta y, \omega)$ 分别表示沿 x、y 轴的频率相关系数。

在这些系数的多种关系中,$A_x(\Delta x, \omega)$ 和 $A_y(\Delta y, \omega)$ 是最常用的,专门用于描述最大飞行动压状态下航天器的操作:

$$A_x(\Delta x, \omega) = \exp\left\{ -\left[\left(\frac{0.1\omega}{U_c}\right)^2 + \left(\frac{0.034}{\delta^*}\right)^2 \right]^{0.5} |\Delta x| \right\}$$

$$A_y(\Delta y, \omega) = \exp\left\{ -\left[\left(\frac{0.72\omega}{U_c}\right)^2 + \left(\frac{0.244}{\delta^*}\right)^2 \right]^{0.5} |\Delta y| \right\} \qquad (2.22)$$

式中,δ^* 为边界层位移厚度,其他符号定义与式(2.21)相同。

式(2.21)和式(2.22)中的对流速度是根据经验获取的,文献[4]还提出了一个简单的表达式:

$$\frac{U_c}{U_\infty} \approx 0.7 \left(\frac{U_\infty}{\omega \delta^*}\right)^{0.09} \qquad (2.23)$$

式中,U_∞ 为飞行器的自由气流速度,式(2.23)中的对流速度从亚声速的数据中得到,但对航天器马赫数 $Ma < 2$ 时产生的湍流边界层也适用。

　　分离流湍流边界层的空间相关更加复杂,在某些情况下,甚至对小空间分离位移,其空间相关接近零。风洞试验是对分离流进行空间相关估计的最好方法。

2.5.2　风洞缩比模型法

　　2.5.1节中对航天器飞行过程中外表面的湍流边界层(TBL)引起的脉动压力相关参数进行了详细说明。这些参数可以通过适当的风洞缩比模型试验直接测量获得。根据式(2.14),对缩比模型在全尺度飞行动压和马赫数下测量得到的总脉动压力级结果适用于全尺寸航天器。缩比模型的谱和空间测量数据[式(2.17)~式(2.23)中的 Δx、Δy、δ^*、f 和 ω 通过线性比例缩放可以转化为全尺寸模型的数据。

　　在跨声速和超声速范围内,支承件、发动机外部的底座等结构不连续的区域可能发生冲击波与边界层的相互作用(图2.4)。对于确定这种复杂边界层条件引起的脉动压力,缩比模型是一种非常好的手段。但是,缩比模型存在的最重要的问题介绍如下。

　　(1)准确的缩比模型和高速风洞中进行缩比模型实际测量,两者的费用都相对较高。

　　(2)测量缩比模型所用传感器的膜片尺寸也要缩小,且直径缩小的比例与缩比模型的比例相同。而且,为了防止对测得的压力谱进行大修正,采用一个膜片直径与边界层位移厚度相比较小的传感器是非常必要的,即

$$D_{pd} < 0.2\delta^* \tag{2.24}$$

式中,D_{pd}是压力传感器膜片的直径。即便采用了符合式(2.24)的传感器,如果频率

$$f > \frac{U_\infty}{2\pi D_{pd}} \tag{2.25}$$

需要对测得的压力谱进行修正。无论在什么情况下,传感器都不能在结构表面凸出来,否则会引起一些即使采用膜片直径修正也无法解决的真实误差。

　　(3)压力传感器放在结构表面下,通过短管与外表面上的小孔连接,以测量比例模型的表面压力。此时,可以用小孔直径代替式(2.24)中的膜片直径,但是在高频段短管可能会引起压力损失,需要仔细校准。

　　(4)振荡冲击波是局部的,且决定流速。因此,在认为存在振荡冲击波附近处要有传感器,还要对流速进行缓慢扫掠,以确保能够获得振荡冲击波的数据。

(5)风洞中产生气流的多种内部源会引起噪声。由于风洞内部的声模态,某些频率上的真实噪声压力可能严重影响脉冲压力测量。因此,在缩比模型测试之前,必须仔细评估风洞的特征,以确定噪声污染。

2.5.3　外推法

把已知航天器作为参考航天器,假设在测量区域内参考航天器和新航天器的几何形状相似,那么用参考航天器测得的 TBL 脉动压力级可以很容易按比例换算到新航天器上。新航天器的总体脉动压力级为

$$L_{\mathrm{FP,n}}=L_{\mathrm{FP,r}}+20\lg\left[\frac{q_{\mathrm{n}}/q_{\mathrm{r}}}{(1+0.14Ma_{\mathrm{n}}^2)/(1+0.14Ma_{\mathrm{r}}^2)}\right] \qquad (2.26)$$

式中,下标 n 和 r 分别代表新航天器和参考航天器;q 为飞行动压;Ma 为马赫数。

假设几何形状近似,通过以下方法可将参考航天器的谱级按比例换算为新航天器的谱级。

(1)利用参考飞行器和新飞行器的自由流速度,计算的特征频率比值为

$$\frac{f_{0,\mathrm{n}}}{f_{0,\mathrm{r}}}=\frac{U_{\infty,\mathrm{n}}}{U_{\infty,\mathrm{r}}} \qquad (2.27)$$

式中,f_0 和 U_∞ 分别为特征频率和自由流速度。

(2)根据式(2.27)定义的比值,按比例换算外推谱级的频率轴。

(3)将谱级轴按比例换算,使频率按比例换算的谱级的总体值与式(2.26)的总声压级相符。

一般来说,参考航天器都没有足够多的测量数据,不能计算互谱和建立空间相关。因此,新航天器的空间相关需用理论公式[式(2.21)～式(2.23)]计算得到。

2.5.4　直接测量法

直接测量航天器的湍流边界层脉动压力,需要在航天器外结构上安装与外表面平齐的传感器,或者在外表面上钻孔,通过管道与位于表面下方的传感器相连。无论采取哪种方式,都会对结构有影响。进行这些操作时,必须与设计者仔细沟通,并且这个过程成本较高。有时,尤其是一个很重要的新航天器设计,安装传感器必须首先获得授权。通常,新航天器一般不直接测量湍流边界层脉动压力级。

2.5.5　评估

测量航天器飞行过程中外表面上脉动压力的各种方法和它们各自的优缺点都列举于表2.3中。如2.4节的噪声测量一样,湍流边界层脉动压力的初始估计值也可以在飞行数据的基础上改进,但是这需要昂贵的飞行测量设备。外推法的精确度受新航天器与原航天器的设计和飞行剖面的相似度影响很大。

表 2.3　湍流边界层压力激励预示方法的优缺点比较

特点	边界层预测法	风洞缩比模型法	外推法	直接测量法
物理实现相对容易	是	否	是	否
初始设计阶段可用	是	否	是	否
第一次飞行发射前可用	是	是	是	否
全新飞行器设计时	是	是	否	是

2.6　内部噪声激励

航天器有效载荷和许多位于运载火箭整流罩内或载荷舱内的组件在发射期间将暴露在高量级的噪声环境中。内部噪声的峰值可在航天器上升的三个时间段观察到:起飞——火箭发动机点火后很短的时间段;跨声速——飞行速度等于或接近声速(1马赫)的时间段;最大动压段——动压达到最大值的时间段。固体火箭发动机点火后也可能出现短时持续的噪声激励。2.6.5节对不同运载器内噪声的量级进行了讨论。

敏感的电子元件以及表面积很大的轻薄组件(如太阳帆板和天线)在高量级噪声环境中尤其危险。为了使这种部件在发射过程中不会损坏,应对其进行详细的预示及声试验,详见6.2节和8.5节。

整流罩或载荷舱内的噪声量级通常比外部低很多,内声场的量级与发动机声波或空气压力脉动有关。内声场量级与外声场量级(或空气压力脉动量级)的不同之处在于整流罩或载荷舱具有声衰减作用。为了将外部声场和(或)气动载荷(见2.4节和2.5节)转化为作用在有效载荷和其他内部设备上的声载荷,必须用下面介绍的分析方法之一对这种噪声衰减进行计算。

用来计算整流罩和载荷舱的噪声衰减的方法主要有模态分析法、统计能量分析法、动力学缩比模型法、外推法和直接测量法。其他需要考虑的因素还包括填充因子、泄压口噪声和机械振动辐射。

2.6.1　模态分析法

模态分析法常用来研究结构的动力学响应。通过辨识整流罩的结构模态及其内部空间的声学模态,模态分析法即可扩展预测结构内部的声学环境特性。目前已经建立了用于计算外声场对结构模态的激励,以及内部声模态与结构模态耦合形成的激励的方法。

航天器发射过程中的声振环境的频率范围很宽。为了覆盖整个关心的频率范围,需要考虑大量影响动力学响应的声模态和结构模态。商用有限元法(FEM)建模软件使得在很宽的频率范围内计算复杂动力学系统的结构和声模态成为可能。理论上,上述预示手段可以用来预测声学环境,然而实际应用时,密集的模态信息会导致模态分析过于烦冗。另外,用该技术获得的预测值通常对设计中的微小改动以及有效载荷的几何形状过于敏感,当有设计改动和形状修改时,这种方法都要重复多次。因此,虽然模态分析法和 FEM 建模能提供极高的精确度和准确度,但实际上往往是不能达到的。

边界元法(BEM)分析程序已经被提出用来解决一些有关结构声学系统模态分析的难点。为了预示内声场,内外声场的 BEM 模型必须与整流罩的 FEM 模型相结合。BEM 预测的精确度取决于作为基础的 FEM 模型的精确度。因此,BEM 也可能是非常烦冗而难以运用到整个所关心的频率范围内。但是,它们对低频域内的声学环境的预示是很有用的。

2.6.2　统计能量分析法

统计能量分析(SEA)法与其他相关的能量流技术提供了高频的预示方法。通过对系统的统计描述以及运用振动能量和功率法来阐明动力学方程,这些方法极大简化了对问题的分析过程。SEA 法比传统的模态分析方法更为简单,而且经常可以得到更准确的预测结果。但是,这种统计方法不能对独立点和单个频率的声环境进行预测。这种统计预测的是各空间区域和各频段的平均数。更为高级的分析可以得到高阶统计值,如方差和标准偏差。预测得到的平均声级加上两倍的标准偏差可以用来制定环境条件。

SEA 法用到了统计力学、室内声学、波传播、模态分析中的很多基本概念。

SEA 法看似简单,但由于表述基本 SEA 方程的各概念间的差异,这种方法变得很复杂。因此,在运用 SEA 法时应该格外谨慎。当使用恰当时,SEA 法对于发射段的运载火箭及航天器的噪声和振动环境预示是很有效的。

运用 SEA 法需要将整个系统分成一组相互关联的子系统。每个子系统包括一组具有相同特性的模态。子系统的划分要注意几个因素,包括外形的区别、材料特性的区别、子系统支持频带内共振模态的能力以及每个子系统的统一响应的期望值。

对于振动或噪声能流,SEA 子系统可以看作“控制量”。在稳态条件下,一个子系统从外部来源和其他相连接的子系统得到时间平均型的功率输入必须等于系统内部阻尼的功率消耗和传递到其他子系统的功率相等。

结构大而复杂的统计能量模型通常可分成 400～500 个子系统。然而,较小的系统可用小于 10 个的子系统来研究直接激励结构的振动响应和结构振动的短距离传播。

SEA 法假定外声场是离散的,因此运用时必须小心。有效因子要与能量输入相关联,能量输入主要来源于起飞方向的外声场。

SEA 法是用统计的观点,从能量的角度来分析复杂结构在外载荷作用下的响应以及内声场。在某种程度上忽略了结构的具体细节,同时也很好地解决了声场与结构间的耦合问题。特别是对于受高频、宽频带激励的复杂结构内声场预示问题,用 SEA 法更为有效。

采用一种简化的 SEA 法能流模型对带航天器的整流罩内部(图 2.5)的噪声量级进行预示。用这种模型把整流罩和内部空间沿轴向划分为多个区。每个区的声模态属于一个 SEA 子系统。所分区的数量取决于整流罩的总长度、外部声场分布的均匀程度和整流罩内关心的部位。在本例中,各分区的长度约为 2m。

为了完成以上分析,每一个分区的声功率将达到平衡。一个分区的时间平均功率输入与分区内因声吸收和传递到相连区域内的净功率而造成的功率总耗散之和平衡。

$$W_i^{\text{in}} = W_i^{\text{absorbed}} + \sum_j W_{i,j}^{\text{transmitted}} \tag{2.28}$$

式中,i 指第 i 个分区。从整流罩侧壁输入到每个区的净功率可以按照整流罩的传声系数 τ 以及外部与内部声压之差来表示:

$$W_i^{\text{in}} = \tau_i A_i \left(\frac{p_{i,\text{ext}}^2}{4\rho c_{\text{ext}}} - \frac{p_{i,\text{int}}^2}{4\rho c_{\text{int}}} \right) \tag{2.29}$$

式中，A_i 为第 i 个区域的面积；ρc_{ext} 为整流罩外部气体的特征阻抗；ρc_{int} 为整流罩内部气体的特征阻抗。特征阻抗通常是相等的。然而，通过保留气体特性对功率输入的影响，可以用式（2.29）来计算在整流罩中使用其他种类气体的效果，如氦气；或者海拔的影响。随着海拔升高，因排气的滞后整流罩内部的静压和气体密度可能会比外部空间高很多。

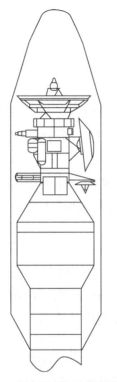

图 2.5　整流罩内有效载荷示意图

传声系数通常以传输损耗 TL(dB)表示：

$$TL = 10\lg\frac{1}{\tau} \tag{2.30}$$

式（2.29）是基于扩散声场的假设，即声波在整流罩内从各种入射角入射。当整流罩被置于混响室进行声测试时，这一假设是正确的。然而，在航天器发射时刻需要做出一些调整，因为声波从航天器下面的火箭发动机燃气流方向入射。所进行的这些调整可以以混响室有效因子形式表示，这些因子可以说明飞行试验数据和实验室测试数据在噪声衰减方面的区别。同时这种调整需要考虑发射时声波的激励与飞行过程中湍流边界层内的空气压力脉动场、振荡激波、跨声速、动压最大段产生的激励之间的差别。这种调整是通过运用适合于声激励的使噪声衰减的效率因子来实现的。

在每个分区内,因声吸收而造成的功率消耗程度可以用子系统的吸声系数和声压来表示:

$$W_i^{\text{absorbed}} = \alpha_i A_i \frac{p_{i_i\text{int}}^2}{4\rho c_{\text{int}}} \tag{2.31}$$

当采用声防护层时,必须通过均分每一分区内防护部分和非防护部分的面积来得到平均吸收因子:

$$\alpha_i = \frac{1}{A_i} \sum_n \alpha_n A_n \tag{2.32}$$

式中,A_n 为第 n 个分区的整个表面积之和;α_n 为第 n 个分区的吸声系数。平均吸收因子的值一般由区域内的防护部分的面积决定,α_n 在未防护区域的值很小。

声防护层还会影响传声系数。在本例中,必须通过平均每一分区内防护部分和非防护部分的面积来得到平均传声系数:

$$\tau_i = \frac{1}{A_i} \sum_n \tau_n A_n \tag{2.33}$$

平均传声系数的值由每个分区的未防护部分的面积决定。最后,对于两个相连的声学子系统,其净功率的传递可以用两个系统的声压和连接面积来表示。例如,i 和 j 系统的净功率传递计算如下:

$$W_{i,j}^{\text{transmitted}} = A_{i,j} \left(\frac{p_{i_i\text{int}}^2}{4\rho c_{\text{int}}} - \frac{p_{j_i\text{int}}^2}{4\rho c_{\text{int}}} \right) \tag{2.34}$$

式中,$A_{i,j}$ 表示两个区域连接部分的面积。

功率平衡方程是由一组线性代数方程组成的,解方程可以得到每一个分区的平均声压值。例如,只考虑一个分区,若忽略分区之间的功率传递($W_{i,j}^{\text{transmitted}} = 0$),求解该区域的功率平衡方程就可以得到其声压的比例:

$$\frac{p_{i_i\text{int}}^2}{p_{i_i\text{ext}}^2} = \frac{\tau_i}{\alpha_i + \tau_i} \tag{2.35}$$

预估第 i 个分区的噪声衰减(dB)表达式如下:

$$\text{NR}_i = 10\lg\left(\frac{p_{i_i\text{ext}}^2}{p_{i_i\text{int}}^2}\right) = 10\lg\left(1 + \frac{\alpha_i}{\tau_i}\right) \tag{2.36}$$

若噪声衰减值较大,则会使内部的声压环境值降低。这是可以通过采用声防护层来增大平均吸收系数和设计低传递系数值的整流罩两种方法来实现的。

一个特定的整流罩的传声系数可以通过直接测量、按比例缩放其他整流罩测量数据、运用更为详细的 SEA 模型等方法来估算。按照通用的 SEA 法,可以运用以下三个子系统来建立一个预示整流罩传声系数的 SEA 模型:外部声模态、整流罩弯曲模态、内部声模态。整流罩的质量定律模态在一个单独的 SEA 子系统中并没有体现,因为它们是非共振的。然而,这些非共振的模态会影响整流罩的传声系数。

对如下三条耦合路径进行定义:①外部声模态与整流罩共振模态的耦合;②内部声模态与整流罩共振模态的耦合;③通过整流罩的质量定律响应来耦合外部和内部声模态。上述子系统和能流路径如图 2.6 所示。第三条路径通常是轻质量整流罩的能量传递中最主要的路径,不能忽略。

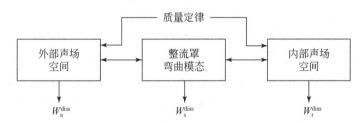

图 2.6　运载火箭整流罩的简单三系统 SEA 模型

如果外部空间的能量是已知的,整流罩及其内部声的子系统的 SEA 法功率平衡方程可以导出如下方程:

$$\begin{bmatrix} \eta_{plf;d} + \eta_{plf;ext} + \eta_{plf;int} & -\eta_{int;plf} \\ -\eta_{plf;int} & \eta_{int;d} + \eta_{int;plf} + \eta_{int;ext} \end{bmatrix} \begin{bmatrix} E_{plf}/E_{ext} \\ E_{int}/E_{ext} \end{bmatrix} = \begin{bmatrix} \eta_{ext;plf} \\ \eta_{ext;int} \end{bmatrix} \quad (2.37)$$

式中,下标 d 表示阻尼损耗因子;下标 ext、plf、int 分别表示外部声场的模态、有效载荷整流罩和内声场。求解这些方程可以得到内外声场的能量之比:

$$\frac{E_{int}}{E_{ext}} = \frac{\eta_{ext;int}(\eta_{plf;d} + \eta_{plf;ext} + \eta_{plf;int}) + \eta_{plf;int}\eta_{ext;plf}}{(\eta_{plf;d} + \eta_{plf;ext} + \eta_{plf;int})(\eta_{int;d} + \eta_{int;plf} + \eta_{int;ext}) - \eta_{plf;int}\eta_{int;plf}} \quad (2.38)$$

如果假设阻尼损耗因子大于耦合损耗因子,则式(2.38)可简化为

$$\frac{E_{int}/\eta_{int}}{E_{ext}/\eta_{ext}} = \frac{1}{\eta_{int;d}} \left(\eta_{int;ext} + \frac{\eta_{plf;int}\eta_{plf;ext}}{\eta_{plf;d}} \right) \quad (2.39)$$

式中,用到了与耦合损耗因子及模态密度相关的 SEA 法互易因子:

$$\eta_{plf}\eta_{plf;int} = \eta_{int}\eta_{int;plf} \quad (2.40)$$

式(2.39)中括号项表示内外声场有效耦合损耗因子,包括非共振质量定律声音传递和整流罩共振模态传递。耦合损耗因子与式(2.36)中计算整流罩噪声衰

减用到的传声系数直接相关。

$$\tau_i = \frac{8\pi f V_i}{c_i S_i} \left(\eta_{\text{int}; \text{ext}} + \frac{\eta_{\text{plf}; \text{int}} \, \eta_{\text{plf}; \text{ext}}}{\eta_{\text{plf}; \text{d}}} \right) \tag{2.41}$$

式中, f 为振动频率; c_i 为声音在第 i 个分区气体中的传播速度; V_i 为第 i 个分区的内部体积; S_i 为整流罩第 i 个分区的表面积。

吸声系数也与内部声场的阻尼损耗因子直接相关:

$$\alpha_i = \frac{8\pi f V_i}{c_i S_i} \eta_{\text{int}; \text{d}} \tag{2.42}$$

整流罩的共振模态和内部声场之间的耦合损耗因子为 $\eta_{\text{plf}; \text{ext}}$, 一般用其他量来表达, 如辐射电阻值 R_{rad}、辐射效率 σ_{rad}。它们之间的关系总结如下:

$$\eta_{\text{plf}; \text{ext}} = \frac{R_{\text{rad}}}{\rho c_{\text{int}} A_{\text{plf}}} = \frac{\rho c_{\text{int}}}{2\pi f m_{\text{plf}}} \sigma_{\text{rad}} \tag{2.43}$$

式中, A_{plf} 为整流罩的表面积; m_{plf} 为整流罩侧壁单位面积的质量。这一结果也可以作为整流罩的共振模态与外部的混响室的耦合损耗因子。

在飞行过程中, 用来计算内部声级的理论 SEA 法模型需要更详细的外部声场的描述。关于外部场是一个声波自各方向入射的发散场的假设并不准确, 这会导致预测得到的声级过大, 特别是在低频域。一种方法是采用结合受纳函数, 来计算整流罩共振模态的振动功率输入。一组频率的功率输入计算方法如下:

$$W_{\text{plf}}^{\text{in}} = \langle p^2 \rangle_{\Delta f} \frac{A_{\text{plf}}}{4 m_{\text{plf}}} \frac{1}{\Delta f} \sum_n j_n^2 \tag{2.44}$$

式中, $\langle p^2 \rangle$ 为域内脉动压力均方值; j_n^2 为第 n 阶模态的结合受纳函数, 它是频带 Δf 内所有共振频率模态的和。结合受纳函数表达式如下:

$$j_n^2 = \frac{1}{A_{\text{plf}}^2} \iint \mathrm{d}x_1 \iint \mathrm{d}x_2 \frac{G_{\text{p}}(x_1, x_2, f)}{G_{\text{p}}(f)} \psi_n(x_1) \psi_n(x_2) \tag{2.45}$$

式中, $G_{\text{p}}(x_1, x_2, f)$ 为整流罩表面矢量位置 x_1 和 x_2 之间的脉动压力的交叉谱; $G_{\text{p}}(f)$ 为脉动压力的功率谱; $\psi_n(x)$ 为整流罩的第 n 阶模态。运用结合受纳函数需要准确确定压力场的交叉谱和模态。

SEA 法公式提供了计算内部声环境的步骤。运用能量平衡方程可以进行简单的预示, 这种预示可以实现设计研究或得到基于测量试验或飞行数据的比例定律。SEA 法公式也可以用来分析声激励与空气动力学激励的差异, 进行理论性的预示。

在应用 SEA 法对整流罩噪声衰减进行预示时, 发现整流罩阻尼只影响方程(2.39)的第二项,该项说明了整流罩模态共振产生的声音传递。第一项表示非共振质量定律声音传递,它是绝大部分频率范围的决定项,因此增加整流罩阻尼并不能引起内部声场的显著衰减。我们发现声防护层的吸收作用能够降低内部的声环境,无论声的传递路径如何。

2.6.3　动力学缩比模型

不像对声或空气动力激励的估计时用到的缩比模型,在对一个有效载荷的整流罩或舱进行噪声衰减估算时,需要缩比模型在动力学和几何外形上精确相似。构建这种模型可以用来预示各种类型结构的阻尼衰减情况,包括航天器有效载荷的整流罩或舱等。例如,对于航天飞机有效载荷舱,用到的是全尺寸和1/4缩比模型。缩比模型的主要优势在于,在现有的有效载荷条件下,可以在罩或舱内的任何位置测量其噪声衰减值。理论上,假设承载作用情况得以准确地缩比,这种方法使得对发射过程中有效载荷上的声载荷进行准确预示成为可能。从反面来看,在动力学相似比例模型试验中存在以下三个主要问题:

(1)对于动力学相似缩比模型,经常很难将航天器的整流罩或舱的某些细节结构进行正确的缩比(如铆钉结构),这些结构可能对缩比模型的阻尼影响显著。

(2)高保真的结构,动力学相似缩比模型,如人造卫星的1/4缩比模型,可能会非常昂贵。

(3)在缩比模型试验中,要实现准确模拟激励的空间相关特性是很困难和(或)昂贵的,特别是在运用高速风洞试验进行整流罩或有效载荷舱脉动压力激励测量时。

2.6.4　外推法

有时可以运用外推法估算一个带或不带有效载荷的整流罩或舱的噪声衰减,特别是之前对相似性设计的运载火箭进行过有效的声学测量的情况。例如,如果一个已有可利用资料的整流罩与所要计算整流罩的结构和尺寸相同,但是声防护层设置不同,那么具有新防护层设置的整流罩可以根据方程,结合对先前和新的整流罩吸收系数、传输损耗、面积等系数的恰当估算,得到噪声衰减值。另外,通过对已有的有效载荷整流罩或舱(外形和结构设计都极不相同)的推断来估计一个正确的噪声衰减值的方法通常是不可行的,因为噪声衰减与罩或舱的外形之间关系复杂,尤其在低频域段声波长度相当或大于罩或舱的尺寸时。

2.6.5　直接测量法

在发射和穿越大气层过程中,对有效载荷整流罩或舱的内部进行声级的直接测量比外部激励测量更容易实现,因为压力测量传感器的安装不需要破坏飞行器整流罩的结构。同样,这种测量方法不需要对有效载荷整流罩或舱噪声衰减进行估算就能得到整流罩或舱内部有效载荷的声激励。

OV-102(哥伦比亚)在前五次太空行动中,对航天飞机有效载荷舱内进行了大量的声学测量,在以后的航天飞机飞行中也做了相当数量的测量。在这些有效载荷舱测量时,都只有相对很小的有效载荷,因此也就相当于舱处于空载状态。对很多一次性运载火箭有效载荷舱也做了类似测量,进而应用测量结果对整流罩内的有效载荷声学测量级别进行详细说明。对几个运载火箭的有效载荷验收测试级别进行了概括,如图 2.7 所示。为了对有效载荷声载荷的初步预示进行校验和整理,对新的飞行器整流罩结构的早期发射过程中有效载荷舱内的直接测量方法是可取的。

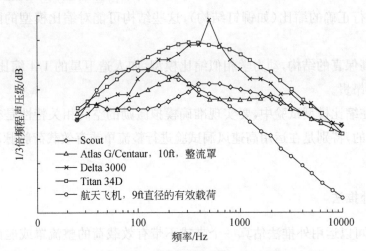

图 2.7　各种整流罩和载荷舱内部声学量级的评估[5]

1ft≈0.3048m

2.6.6　填充因子

应用 2.6.1 节~2.6.5 节中讨论的一些内部噪声预示法可以得到带有效

载荷的整流罩或舱内各位置的声压级,如用文献[6]中的分析模型或对缩比模型的直接测量等。然而,在许多例子中是对空的整流罩或舱的内部声场进行预示的。当罩或舱内引入一个有效载荷时,由于罩或舱内的声场几何形状不同,有效载荷周围的内部声压级与空罩或空舱时的声压级通常也不同。有效载荷外部的声压级(dB)减去空罩或空舱内部的声压级得到一个参量"填充因子"。填充因子总是正的(有效载荷周围的声压级比空罩或空舱状态的声压级高),并且取决于以下两个因素:①有效载荷与罩或舱侧壁的间隙值,间隙值越小,填充因子越大;②频率,频率越小,填充因子越大。

多年来提出了许多填充因子修正公式,如 NASA-STD-7001A《航天器声振试验标准》中填充因子的计算公式为

$$FF=10\lg\left[\frac{1+\dfrac{c_0}{2fH}}{1+\dfrac{c_0}{2fH}1-V_r}\right] \tag{2.46}$$

式中,V_r 为罩或舱内有载和空载的声容积比;H 为罩或舱侧壁与航天器外表面之间的间隙;c_0 为舱内声速。

近年来,国内在声试验方法领域开展了系列试验研究,提出了一种填充因子的修正公式[7]:

$$FillFactor(dB)=10\lg\left[\frac{1+\phi_{fairing}+\phi_{payload}-V_{ratio}}{(1+\phi_{fairing})(1-V_{ratio})}\right] \tag{2.47}$$

式中,$\phi_{fairing}$ 为考虑空罩结构的修正项;$\phi_{payload}$ 为考虑航天器结构的修正项;V_{ratio} 为航天器与空罩状态的体积比。

$$\phi_{payload}=\frac{1}{32\pi}\frac{4\pi A_{payload}fC_a+L_{payload}C_a^2}{V_{fairing}f^2} \tag{2.48}$$

$$\phi_{fairing}=\frac{1}{32\pi}\frac{4\pi A_{fairing}fC_a+L_{fairing}C_a^2}{V_{fairing}f^2} \tag{2.49}$$

式中,C_a 为空气中的声速;f 为 1/3 倍频程中心频率,Hz;$A_{fairing}$、$L_{fairing}$、$V_{fairing}$ 分别为空罩的面积、边长和体积;$A_{payload}$、$L_{payload}$、$V_{payload}$ 分别为航天器的面积、边长和体积。

与式(2.46)相比,式(2.47)考虑了载荷和舱罩结构的影响,试验证明后一种方法更接近真实情况。

2.6.7　泄压口噪声

当航天器在升空过程中飞行高度不断增加时,所有整流罩和载荷舱都是通

过出气口来释放其内部的空气压力的。在许多例子中,起飞阶段出气口被封盖以防止从出气口将剧烈的起飞噪声环境泄漏到整流罩或载荷舱内。对那些起飞段出气口没有被封盖的例子来说,开放的出气口产生的声孔必须满足起飞段整流罩或载荷舱内声压级的预测,该预测可通过 2.6.1 节~2.6.5 节中讨论的任何一种方法来完成。

因为整流罩和载荷舱内最大声压级通常出现在起飞阶段,所以起飞以后打开出气口不是主要问题,即飞行期间,作用在整流罩或载荷舱外部的由湍流边界层产生的动压并不会直接通过出气口将大部分噪声传递到整流罩或载荷舱内。然而,通过出气口的气流可导致声共振或出气口的气动不稳定。结果可能造成一个整流罩或隔舱内部剧烈的、准周期性的压力激励。这类潜在问题必须在整流罩和载荷舱设计的早期充分考虑,按照不同案例不同标准的原则考虑修正。

2.6.8　机械振动辐射

大多数情况下,发射段整流罩或载荷舱内部的声学量级主要是由于起飞段外部噪声环境和飞行段通过大气层时空气动力学产生的脉动压力。特殊时,可能会有整流罩或载荷舱内产生的声源甚至可能是载荷自身产生的声场,出现这种情况通常是由于机械设备组件挂载到整流罩或载荷舱结构的内壁中或载荷内部,这些位置产生结构机械振动并将振动噪声辐射至内部空间。这类潜在问题必须在整流罩和载荷舱的早期设计充分考虑并逐一修正,通常包括将内部机械设备安装在振动隔离装置上。

2.6.9　评估

表 2.4 粗略地总结了运载火箭整流罩或载荷舱内有效载荷上的声载荷的各种预示方法的优缺点。至少在 100Hz 之上的频率,SEA 方法被认为是最好的预示整流罩或载荷舱内有效载荷上声载的方法,该方法基于已预估了整流罩或载荷舱外部声场或气动造成的动压载荷。SEA 法可被用来直接预示所关注的载荷内部声量级或先预估空整流罩或载荷舱中内部声量级,接下来运用 SEA 法中的填充因子进行修正。在 100Hz 以下的频率,使用模型的解析计算或几何缩比模型测量都可获得较为精确的预示值。对于会重复发射的载荷而言,若可行,则应该根据前几次发射的直接测量值对整流罩或载荷舱内部声压

级的预示进行修正和更新。

表 2.4　整流罩或载荷舱内声场预示方法的优缺点对比

特点	模态分析法	统计能量分析法	动力学缩比模型法	外推法	直接测量法
物理实现相对容易	否	是	否	是	否
初始设计阶段可用	是	是	否	是	否
第一次飞行发射前可用	是	是	是	是	否
全新飞行器设计时可以	是	是	否	否	是
是否需要修正填充因子	否	有时*	有时**	是	有时*

　　* 如果建立有效载荷模型开展统计能量分析,不需要修正填充因子。在测量过程中如果有有效载荷,也不需要修正填充因子。其他情况需要修正填充因子。

　　** 如果试验时,有效载荷外面有整流罩,则不需要修正填充因子,其他情况需要修正填充因子。

2.7　结构传播式振动激励

　　根据表 2.1,火箭结构上总是会存在一些高频(100Hz 以上)振动,形成的原因可能是运转中的火箭发动机和(或)航天器的发动机,或箭载设备引起的振动能量直接通过结构传递到航天器上。在载荷的具体位置,发动机引起的结构传播式振动一般小于空气声载产生的高频振动环境(见 2.4 节~2.6 节)。火箭起飞时的大量测量数据证明了这一点,当火箭离开大气层后,即使发动机仍在工作,振动量级也会比起飞过程明显降低。如果设备安装在发动机上或附近,这些振动就可能形成很大的动载。操纵航天器上的仪器也可能会产生很大的结构传播式振动级,至少在仪器附近的结构位置是如此。

　　预示结构传播式高频振动载荷分两个步骤。首先预示结构传播式振动源产生的动能,然后预示动能从振源通过结构路径传到所关心位置处的大小。动能源的预示直接与专门的源机理直接相关,按照惯例,必须逐一进行振动预示。预示结构传播式振动载荷与预示由结构上某一位置的运动或压力激励引起另一位置的振动响应是相似的。因此,由一个确定激励引起的结构传播式振动的预示技术与结构振动的预示技术是相同的。

2.8　高频瞬态激励

航天器及其有效载荷的高频（100Hz 以上）瞬态动载荷的主要来源为含有高能炸药的火工设备的激励（见 1.3.16 节）。除了热载荷外，炸药物质的爆炸产生一个高动能的瞬态压力波，频率至少可达到 1MHz。压力波使附近结构的速度迅速改变。如图 2.8 所示，5.3g/m 的导爆索放在 1.3cm 厚的钢板背面并起爆，测得钢板速度响应曲线。速度用激光多普勒振动计测量，采样率约为 1MSPS。从图中可看出，平板速度在 3μs 内上升到 5.6m/s，加速度大约为 200000g。

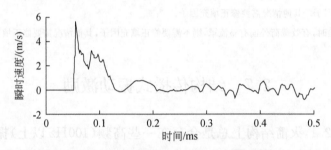

图 2.8　高能炸药引起的钢板速度响应[8]

直接受高能炸药产生的压力影响的结构变化随着爆炸装置不同而相差很大，所受影响的结果是要么导致结构破坏，要么导致重要的结构元件发生移动。

因此，不仅爆炸装置产生的激励细节复杂，而且激励能量传入被影响的结构或传播到附近结构的机理也很复杂。Hydrocodes 软件采用拉格朗日和（或）欧拉网格，能够在时域内模拟炸药起爆、结构非线性变形和破坏的详细过程，但是该软件分析过程耗费人力巨大，计算成本高。与其费时费力地研究高能炸药的激励，还不如根据经验方法直接预示出高能炸药装置引起的结构响应。

在 1.3.21 节中已经叙述过，航天器飞行时遇到空间碎片是引起航天器高频瞬态响应的第二个可能来源。一般来讲，空间碎片载荷与其他载荷分开，应单独处理。

参考文献

[1] Ryan R S. The Role of Failure/Problems in Engineering：A Commentary on Failures

Experienced - Lessons Learned. NASA TP 3213，1992：107-108.

［2］李宁. 弹箭力学环境条件设计规范. Q/Y 87－2012. 北京：中国航天标准化与产品保证研究院，2012.

［3］Robertson J E. Prediction of In-Flight Fluctuating Pressure Environments Including Protuberance Induced Flow. NASA CR-119947, 1971.

［4］Bies D A. A Review of Flight and Wind Tunnel Measurements of Boundary Layer Pressure Fluctuations and Induced Structural Response. NASA CR-626, 1966.

［5］Milne J S. General Environmental Verification for STS & ELV Payloads, Subsystems, and Components. NASA GSFC Doc. GEVS-SE, Rev. A. 1996.

［6］Pope L D, Wilby J F. Space Shuttle Payload Bay Acoustic Prediction Model. NASA CR-159956, 1980.

［7］Xiang S H. Space systems—Acoustic testing. ISO/WD 19924. International Standards Organization,2017.

［8］Valentekovich V M, Goding A C. Characterizing Near Field Pyroshock with a Laser Doppler Vibrometer. Proceeding of the 61st Shock and Vibration Symposium, 1990：205-221.

第 3 章　响应预示分析

第 2 章讨论了航天器的各类动态激励源,下一步需要预示各类激励载荷下结构的动态响应。从基本预示方法的角度,可以将结构响应预示方法分为三类,如表 3.1 所示。除表 3.1 所示的三种基本方法外,有时还需要另外三种分析工作来完成最终的响应预示,即多模态响应计算、分析模型验证和组合载荷下的响应计算。

表 3.1　结构响应预示方法

结构响应类型	动态激励(章节号)
低频振动和瞬态响应	低频瞬态激励(2.1)、低频随机激励(2.2)和低频准周期激励(2.3)
高频振动响应	高频准周期激励(2.3),外部噪声激励(2.4),外部气动噪声(2.5),内部噪声激励(2.6),结构传播式振动激励(2.7)
高频瞬态响应	高频瞬态激励(2.8)

3.1　低频振动和瞬态响应

为了进行有效载荷和航天器的系统性、功能性分析,必须分析清楚低频振动和瞬态响应导致的载荷和运动。表 3.1 所示的章节中已提到低频载荷主要来自发射前(地面风载荷和可能的地震载荷)、上升段(发动机推力、点火超压、压紧装置释放)、空气载荷(冲击、风载和静弹性变形)、液态发动机点火与关机等事件。这类低频载荷都有一个频率上限,而此频率取决于运载及其级段,如航天飞机的上限频率为 35Hz,对于大多数不重复使用的运载上限频率为 50~60Hz。航天器在轨期间产生的载荷主要来源于运动部件的展开以及一些特殊的瞬态过程,如交会对接和着陆等。多数情况下,其响应属于线性系统响应,但某些特定情况下,也存在非线性响应,如航天飞机有效载荷耳轴的滑动、大力神火箭发射释放装置、航天器部件的展开以及交会对接机构的响应等。

动力学响应预示过程由一系列典型步骤组成,如下所述。

(1)建立有限元模型,以描述对象的刚度和分布质量特性。

(2)缩减有限元模型的自由度,建立所关注的频段内有效的降阶模型。如果采用合适的集中参数,可以结合使用离散元模型。例如,对于不关心频率范围内模态特性的硬件等对象,可用刚性单元描述,而对于隔振器等对象可用离散化柔性单元描述。

(3)模态分析,以获得星箭耦合分析中的航天器子模态模型。当对航天器的组件分别建模时,此部分工作还包括航天器本身的子模态综合。在后面的载荷分析中提到的非线性因素已经忽略。为了方便试验条件制定(特别是传感器和力的安装位置)及其相关性评估,与运载连接处的边界条件同模态试验的边界条件一致。模态阻尼比根据模态试验数据确定。

(4)进行航天器和运载火箭的模态综合,得到整个系统的正则模态,进行各种载荷作用下的动力学分析。通过和试验模态或者试验外推模态进行相关性分析来确定和验证分析模型。除非试验表明阻尼矩阵中的非对角元素是无关紧要的,模态综合过程产生的阻尼矩阵中的非对角元素都要保留下来。

(5)确定描述不同载荷的激励情况的力函数。力函数中涉及分析预示的数据、地面试验数据以及飞行数据。

(6)在将所有非线性影响引入运动方程中后,对整个系统在广义坐标下的响应进行计算;然后将系统中这些广义坐标的响应转化为航天器部件模态坐标下的响应;最后再转换成物理坐标下的响应。

(7)借助载荷变换矩阵,物理坐标下的加速度响应和位移响应可以转换为载荷分量(如剪力和弯矩)及其相应的变形量(如飞行器附件和整流罩之间的位移量)。通过最差工况极值的组合、随机统计或时域的叠加等手段,来确定与多个载荷分布有关的应力值。最后是对安全裕度的估计。

(8)由于许多设计载荷在自然界是动态变化的,这些载荷不仅严重影响空间飞行器的构型,而且其构型也对这些载荷有重要影响。这种相互作用导致一个重复设计过程,通常称为载荷循环处理[1]。在初步设计载荷循环过程中,将一个初步设计载荷因子(通常以静态加速度形式)用到一个初步设计的空间飞行器模型中。这些结果用于必要的设计更改,并随设计成熟度的变化而改变,最终产生一个设计模型,用于第二次或最后的设计载荷循环。这些结果用于必要的设计更改,并受到关键设计评审的限制。在关键设计评审后,就要建造一个结构件,并进行鉴定性静力试验,试验载荷基于最终设计载荷循环中的预测值。真正的最终载荷循环称为验证性载荷循环,在空间飞行器制造以及模态测量完成后开展工作。这个经过验证的动力学模型,或者是对最终设计模型的调整,或者是一个模态测量值的外推模型。这些载荷在最后的结构鉴定性评估中需要考虑,包括静力鉴定性试验充分性的评估。

3.1.1 结构动力学模型

动力学模型的分类取决于它们是否涉及物理或广义坐标。物理模型以质量阵和刚度阵的形式存在,通常由有限元模型构建而成。它们可能也包含一些非物理自由度,如对贮箱中的液体运动的位置描述。基于广义坐标的模型涉及物理位移振型(Ritz 矢量)概念,通过对若干个物理位移振型的叠加可以获得感兴趣的频率范围内的响应。这些振型包括部件的正则模态,其边界条件包括界面点固定或者施加载荷(例如,以某种介质方式施加约束,如施加质量或刚度单元等)。对于固定界面和自由界面模式,在耦合系统中施加界面运动和界面力的结果将会产生额外的振型。

在忽略阻尼情况下,一个部件在物理坐标系中的运动方程可以写成如下形式:

$$M\ddot{x} + Kx = F \tag{3.1}$$

式中,M 为质量阵;K 为刚度阵;x 为位移坐标矢量;F 为作用力矢量。

为了确保质量阵和刚度阵的对称属性,力必须与位移相协调,这意味着每个力和与其相关的位移坐标的乘积必须等于在该坐标系中的外部做功(单位一致)。例如,除了通常的力-位移对,还有如压力-面位移对、力矩-角位移对等。

将物理坐标分解成一组界面坐标 X_I 和一组非界面(内部)坐标 X_N。式(3.1)可以改写成:

$$\begin{bmatrix} M_{NN} & M_{NI} \\ M_{NI}^{\mathrm{T}} & M_{II} \end{bmatrix} \begin{Bmatrix} \ddot{X}_N \\ \ddot{X}_I \end{Bmatrix} + \begin{bmatrix} K_{NN} & K_{NI} \\ K_{NI}^{\mathrm{T}} & K_{II} \end{bmatrix} \begin{Bmatrix} X_N \\ X_I \end{Bmatrix} = \begin{Bmatrix} F_N \\ F_I \end{Bmatrix} \tag{3.2}$$

对于航天器在起飞和上升阶段的激励响应,当不考虑直接作用在大的表面单元上的声冲击时,其非界面力 $F_N = 0$。

3.1.2 经典正则模态分析方法

经典正则模态包括界面自由度全部约束、全部释放以及中间约束等几种情况。在任何工况下,正则模态都是对式(3.1)的特征值求解。

$$(K - \Omega_n^2 M)\Phi_n = 0 \tag{3.3}$$

式中，Φ_n 为模态矩阵，n 为模态阶数；Ω_n^2 为圆频率平方的对角阵，通常将模态振型进行规格化处理，即

$$\Phi_n^{\mathrm{T}} M \Phi_n = I \tag{3.4}$$

式中，I 为单位矩阵。可得

$$\Phi_n^{\mathrm{T}} K \Phi_n = \Omega_n^2 \tag{3.5}$$

物理坐标 x 与广义坐标 q 的坐标变换式如下：

$$x = \Phi_n q \tag{3.6}$$

假设特征值问题可以得到全部解，则模态矩阵 Φ_n 含有与动力学模型的物理自由度一样数量的特征值向量。模态法的一个优点是对感兴趣的频率范围内的模型建立可以通过一组模态子集来完成。在进一步讨论中，Φ 和 Φ_d 分别为剩余模态集合和截断模态集，其与 Φ_n 的关系为

$$\Phi_n = [\Phi \mid \Phi_d] \tag{3.7}$$

1. 固定界面模型

固定界面建模对航天器而言是最常用的技术。一般观点是，由固定界面法计算出的低模态与耦合系统中出现的情况类似，因为航天器界面点通常都会固定在相对刚性的结构上。进一步说，固定界面的模态试验手段往往用于模型验证的目的。

固定界面建模的分析方法是由 Hurty[2] 首次提出的，然后由 Craig 等[1] 针对刚体模态进行了简化。其中提到的固定界面正则模态和约束模态矢量集可以构建系统内的耦合系统行为。这些模态振型的讨论如下所述。

固定界面正则模态通过约束式(3.2)中的界面自由度来获取，然后解算剩余模态集 Φ_N 的特征值问题：

$$(K_{\mathrm{NN}} - \Omega_n^2 M_{\mathrm{NN}})\Phi_N = 0 \tag{3.8}$$

固定界面正则模态扩展到约束模态的每一个界面自由度。第 i 个约束模态振型被定义为：在第 i 个界面自由度上施加一个单位位移，通过式(3.2)的静力计算，获得非界面自由度 X_{Ni} 的静力位移。在每一个界面自由度上重复该过程，可以获得非界面自由度的全部约束模态列阵 Φ_{cN}。由于约束模态来自于非约束刚度矩阵，其刚体模态的约束已经含在其中。

然后将这些物理坐标与广义坐标相关联，即

$$\begin{Bmatrix} X_N \\ X_I \end{Bmatrix} = \begin{bmatrix} \varPhi_{nN} & \varPhi_{cN} \\ 0 & I \end{bmatrix} \begin{Bmatrix} q_n \\ x_I \end{Bmatrix} \quad \text{或} \quad x = \varPhi q \tag{3.9}$$

其中

$$\varPhi_{cN} = -K_{NN}^{-1} K_{NI}$$

将式(3.9)中的坐标变换代入物理运动方程(3.1)中,可得

$$\widetilde{M} = \widetilde{\varPhi}^T M \widetilde{\varPhi} = \begin{bmatrix} I & \widetilde{M}_{NI} \\ \widetilde{M}_{NI}^T & \widetilde{M}_{II} \end{bmatrix} \quad \text{和} \quad \widetilde{K} = \widetilde{\varPhi}^T K \widetilde{\varPhi} = \begin{bmatrix} \Omega_N^2 & 0 \\ 0 & K_{II} \end{bmatrix} \tag{3.10}$$

这样,固定界面部件模态法可以得到部件的运动方程,在固定界面正则模态和约束模态之间仅存在惯性耦合。如果模型中含有一个 6 自由度的不确定界面,则其约束模态就是刚体位移且 $K_{II} = 0$。应该提到的是,在式(3.10)中,假设模态振型已经按照式(3.4)进行了质量归一化处理,而通常运算时是不需要进行归一化处理的。例如,NASTRAN 中包含了可以选择对特征向量进行规一化处理的其他方法。

2. 载荷界面建模

虽然固定界面建模是最常用的,但是有很多情况是不适用的。举例说明,在一个大型航天器上安装刚性支撑是不实际的,可以在航天器界面处安装轴承支撑或弹性耦合器以减少载荷的传递。特别是,如果这些设备是非线性的,那么它们不适合进行验证线性行为的模态测量。而不使用约束界面法考虑的是,该方法严重依赖刚度属性与界面点相关联的分析模型,以及为了进行模态试验需要事先进行结构刚度的试验。

另外,完全依靠自由界面模态进行系统综合也不是所希望的,因为界面点处的局部弹性属性无法描述。这将导致很差的计算收敛性,从而不得不采用过多的模态参与计算才能得到准确的系统模态。文献[3]中提到的方法是在界面点处引入刚度或质量负载来近似耦合系统中的约束自由度,从而避免该问题的发生。这意味着该模型与特定运载火箭绑定在一起,无法自由地去处理其他类运载火箭。当然,另一个可能性就是在界面点引入任意刚度或质量,利用在一个模态试验中能够实现的方式,来简单地"处理"这些界面点。在另一种情况下,这样一种方法要求在模态试验中引入这些界面约束,并通过分析方法去除这些界面约束,通过耦合处理方式来获得整个系统的模态。

例如,运载火箭上的有效载荷有时采用刚体代替,以研究运载本身的部件

模态,随后刚体在进行耦合系统模态分析时被去除。

3. 自由界面建模

另外一种方法是用自由界面模态和附着模态。附着模态又称界面的剩余模态,是由单位力作用在界面自由度上产生的静弹性变形振型,由附着模态构建的动力学模型不包含该振型的高频模态结果。这个结构是自由的,存在刚体运动,因此其振型通过惯性释放来消除任意刚体的贡献。首先确定由每个界面自由度上的单位力产生的整个静弹性变形,然后去除剩余模态振型的贡献。附着模态数与界面自由度数相同,也与需要扩展固定界面约束的约束模态数相同。

这种方法来自"残余弹性"的概念,首先是由 MacNeal[4] 提出的,以描述被忽略的更高模态的静力贡献。文献[5]引入了一个一阶残余质量,在收敛性方面产生的改善效果远比残余弹性单独作用显著。文献[6]对此进一步改进,将残余弹性振型变为 Ritz 矢量,现在称为附着模态。

位移矢量 x 可以表述为自由界面正则模态振型 Φ_n 与附着模态振型 Φ_a 之和,其权值分别由相应的广义坐标 q_n 和 q_a 来表示:

$$\begin{bmatrix} x_N \\ x_I \end{bmatrix} = \begin{bmatrix} \Phi_{nN} & \Phi_{aN} \\ \Phi_{nI} & \Phi_{aN} \end{bmatrix} \begin{Bmatrix} q_n \\ q_a \end{Bmatrix} \quad \text{或} \quad x = \Phi_n q_n + \Phi_a q_a \quad (3.11)$$

每个附着模态 Φ_a 为当单位力作用在界面自由度上所产生的所有自由度上的静变形振型。设 G_c 为当部件被全部约束以消除刚体运动时的柔性矩阵,G_e 为存在惯性释放时未约束部件的柔性矩阵,G_N 为由保留弹性模态下的柔性矩阵,那么被删除模态贡献的柔性矩阵 G_d 由式(3.12)给出:

$$G_d = G_e - G_N \quad (3.12)$$

其中

$$G_e = A^T G_c A, \quad A = I - M\Phi_r \Phi_r^T, \quad G_N = \Phi_N \Omega_N^{-2} \Phi_N^T$$

式中,Φ_r 为刚体模态振型矩阵;Ω_N 为对应于 G_N 的自然频率平方倒数的对角矩阵。式(3.11)中的附着模态矩阵 Φ_a 是 G_d 的子集,包含了与作用在附着自由度上的力相关的列阵。

就部件模态综合方法的使用而言,由物理界面自由度 x_I 替代附着广义坐标 q_a,代入转换方程(3.11)中是有必要的。这可以通过对式(3.11)进行变换得到:

$$\begin{Bmatrix} x_N \\ x_I \end{Bmatrix} = \begin{bmatrix} \overline{\Phi}_N & \overline{\Phi}_{aN} \\ 0 & I \end{bmatrix} \begin{Bmatrix} q_n \\ x_I \end{Bmatrix} \quad \text{或} \quad x = \overline{\Phi} q \tag{3.13a}$$

式中,$\overline{\Phi}$ 为变换后的自由界面正则模态集;$\overline{\Phi}_{aN}$ 为变换后附着模态集,两模态集均与非界面自由度相关,其关系式如下:

$$\begin{aligned} \overline{\Phi}_{nN} &= \Phi_{nN} - \Phi_{aN} \Phi_{aI}^{-1} \Phi_{nI} \\ \overline{\Phi}_{aN} &= \Phi_{aN} \Phi_{aI}^{-1} \end{aligned} \tag{3.13b}$$

将式(3.13a)中的变换形式代入运动方程(3.1)中,可得

$$\overline{M}\ddot{q} + \overline{K}q = \overline{\Phi}F \tag{3.14}$$

式中

$$\overline{M} = \overline{\Phi}^T M \overline{\Phi}, \quad \overline{K} = \overline{\Phi}^T K \overline{\Phi}$$

矩阵 $\overline{M}$ 和 $\overline{K}$ 是满秩的。

3.1.3　有限元建模方法

用负责结构强度设计的分析人员建立的刚性模型作为建立航天器动力学分析模型的开始。这只是推荐的一个实例:由于动力学分析的主要目的是获取一系列载荷以确定安全裕度,以及得到用于强度和载荷分析的共同基础,来有力支撑这个目标。用于刚性模型基础分析的工具通常是有限元建模程序,典型例子是 NASTRAN。作为动力学模型分析基础的这类程序的使用需要很高的水平,以保证在感兴趣的频率范围均能得到模态和载荷结果。必须扩展结构刚性观点以确保足够的自由度和质量属性被包含在内以反映航天器上所有部件的平动和转动动能,包括辅助部件(如贮箱等)。通常,三个平动和三个转动自由度被附加在模型的每个节点上。

当液体燃料贮箱模型被包含在内时,有限元建模会产生一种特殊情况。当液体晃动影响要考虑时,贮箱的弹性特性不显著,将其简化成质量-弹簧模型或摆模型是合适的[7]。有限元分析的一个特殊形式,用于水弹性建模,描述一种不可压缩液体和液体压力和贮箱壁弹性变形之间的耦合。这样的建模方法是可行的,如使用 NASTRAN[8,9]。在这种情况下,使用有限元程序自带的振动分析功能确定水弹性振动模态,用于描述贮箱的部件模态。

由于静力应变分析通常比动力学分析需要更多的空间细节(静力应变通常有上万个自由度,而动力学分析仅需要几百个自由度),主要技术是静力缩聚(通常已知的如 Guyan 减缩)和广义动力学减缩(也称子空间迭代)。这些内容

将在下文进一步讨论。针对可接受的动力学自由度子集的设计准则应当基于动力学模态集和感兴趣的频率范围内的模态集之间的正交程度。

1. 静力缩聚(Guyan 减缩)

在对动力学方程进行缩聚之前(自由度的减缩),同样的运动方程被写成关于剩余自由度 x_a(称为 a 集)和截断自由度 x_o 的形式,如下所示:

$$\begin{bmatrix} M_{aa} & M_{ao} \\ M_{ao}^T & M_{oo} \end{bmatrix} \begin{Bmatrix} \ddot{x}_a \\ \ddot{x}_o \end{Bmatrix} + \begin{bmatrix} K_{aa} & K_{ao} \\ K_{ao}^T & K_{oo} \end{bmatrix} \begin{Bmatrix} x_a \\ x_o \end{Bmatrix} = \begin{Bmatrix} 0 \\ 0 \end{Bmatrix} \tag{3.15}$$

Guyan 减缩使用静力位移关系定义方程(3.15)的下半部分两个自由度集转换:

$$\begin{aligned} x_o &= G_{oa} x_a \\ G_{oa} &= -K_{oo}^{-1} K_{ao}^T \end{aligned} \tag{3.16}$$

用下标 c 来表述的缩聚结果如下:

$$M_{aa,c} \ddot{x}_a + K_{aa,c} x_a = 0 \tag{3.17}$$

式中

$$M_{aa,c} = M_{aa} + M_{ao} G_{oa} = G_{oa}^T M_{oa}^T + G_{oa}^T M_{oo} G_{oa}$$

$$K_{aa,c} = K_{aa} + K_{ao} G_{oa}$$

注意,与截断自由度 x_o 有关的质量属性被分布到剩余自由度 x_a 的质量因子上。

Guyan 减缩的应用需要丰富的实践经验,该方法的关键是保留所需要的自由度以表征主要质量单元的全部动能(包括平动和转动),然后分布到其他结构自由度上,通过判据选择必要的自由度来表征在感兴趣的频率范围内的动力学模态振型。

经验表明,对于板类更为精确的动力学描述来说,在少数网格点处包含所有平动和转动自由度比在大量网格点处仅仅包括平动自由度要更好。一般来说,动力学自由度数(a 集)应该至少选取感兴趣频率内的模态数的三倍。

2. 广义动力学减缩

广义动力学减缩,也称为子空间迭代[10],其目标是产生一系列 Ritz 矢量,这些矢量在感兴趣频率内的模态中是丰富的。对未减缩模型通过逆向迭代得到这些矢量,以确定对最低阶正则模态振型的一个近似,并扩展到感兴趣的动力学模型频率范围以外的部分。除了这些广义坐标,一些物理自由度可能是有用的,便于表述非线性影响和降低位移校正的工作量。而且,为了改善响应计算的精度,对应应力载荷的物理自由度应该包含进来。广义坐标和选择的物理坐标由矢量 u_a 和静力缩聚过程的剩余步骤组成,其中矢量 u_a 替代式(3.15)中的 x_a。

3. 载荷变换矩阵

有效载荷或航天器的内部动力学载荷 L 是通过使用一个载荷变换矩阵 LTM 将位移 x 变换而得,即

$$L = (\text{LTM})_x = [\text{LTM}_N \quad \text{LTM}_I] \begin{Bmatrix} x_N \\ x_I \end{Bmatrix} \tag{3.18}$$

LTM 是从有限元刚性模型推导而来的。LMT 矩阵的每一行代表一个内部载荷,该载荷与非界面位移 x_N 和界面位移 x_I 相关。术语"载荷"是一种广义说法,包括多种载荷形式(如弯曲力矩或剪切力)、应力形式以及与碰撞有关的相对位移。由于系统模态的截断,通过对惯性力的再次变换产生的精确动力学载荷比通过位移变换产生的动力学载荷具有更好的收敛性。对非界面自由度而言,解算式(3.13a)的上半部分,借助加速度 $\ddot{x}_N$ 和施加的界面力 F_N 可计算出位移 x_N,再将结果代入式(3.18)中,可得

$$L = \text{LTM}_N k_{NN}^{-1}(-M_{NN}\ddot{x}_N - M_{NI}\ddot{x}_I + F_N) + (\text{LTM}_N \Phi_{cN} + \text{LTM}_I)x_I$$
$$\tag{3.19}$$

式中,Φ_{cN} 是非界面自由度的约束模态矩阵,在式(3.9)中进行了定义,适用于航天器自由界面建模的情况。

3.1.4 其他建模方法

1. 有效载荷重分析

在运载火箭和力函数未改变的情况下,前期的分析结果可以作为新型有效载荷或修改后的有效载荷设计的载荷计算基础。这种方法称为重分析,不必重新建立一个运载模型或定义一个力函数,有效载荷就可以在整个设计周期中开展计算。这种方法不会仅限制于小的设计改变,它明确地考虑到有效载荷界面的运动变化,会导致设计的改变。这种近似方法表明:系统模态更改的部分可

以看成原始系统模态和新的有效载荷部件模态的线性组合,如果没有对系统进行截断,这种条件会很好地被满足。实际上,模态在频率上限以上的部分被截断,会导致某种程度的不精确,这取决于有效载荷改变的程度和截断的程度。

重分析方法包含了频域和时域的计算。在有效载荷界面自由度处的来自前期分析得到的加速度时域结果可以通过 FFT 到频域空间;然后对这些运动的更改通过频域空间来实现。最后将频域结果转换到时域空间。要注意,在进行正向和逆向 FFT 过程中,避免明显的误用,也可以获得一种在时域中单独完成的近似方法,以避免时域/频域转换过程中误用的可能性。这种时域方法也明确提出了静态确定界面和非零初始情况。

2. 广义模态的冲击谱方法

广义模态的冲击谱方法通过广义模态冲击谱手段来寻求估计单个响应的边界,其目的是减少分析工作量并降低对航天器和运载火箭设计过程的依赖程度。这种方法考虑了影响航天器界面运动的动力学耦合效应,并允许界面的不确定性。一个重要方面就是很容易引入航天器和运载火箭模态特性中对设计载荷变化的敏感度。例如,可以对航天器和运载火箭之间的模态频率进行人工调整。

在部件模态坐标系中,运载火箭系统运动方程的建立是通过其自由界面正则模态以及刚体模态来完成的;而对于航天器,其系统运动方程则是用固定界面正则模态来描述的。针对每个航天器模态和运载火箭模态建立两类响应的边界,利用 SRSS 技术(平方和的均方根)得到全部响应的边界。

该方法针对伽利略航天器的应用相对于全瞬态分析而言是保守的,在一个特殊的瞬态时刻,所得边界是更大响应值的 1.5 倍,是更小响应值的 5 倍。针对设计值的保守性被降低到一个不大于 1.5 的全系数,满足多个事件的要求。

3.1.5　模型验证

1. 静力试验

在分析结果不可信或者分析工作比试验困难时,或者存在诸如拉伸压缩载荷导致的刚度变化等非线性影响时,静力试验可以用来确定结构的刚度参数。铰链问题非常棘手,它是无法以有限元方式建模的典型问题(除非从结构观点上将准确建模)。在存在黏弹性材料的情况下,比如固体推进器或隔振器,静力试验和动力学试验都是需要的,以便获取其强度、变形和动力学行为。

2. 模态试验

航天器模态的分析预示值与试验确定值相比较,总是发现有一组模态或预示偏差大,或根本没有预示到。航天器铰链刚度和连接各子结构的装配刚度经常无法准确建模。结果就是,高阶模态和局部组件运动主导的模态误差很大。当模态由柔性附件主导时,如太阳阵,甚至低阶模态的见面也可能很困难。

因此,要求航天器进行模态测量试验。模态测量试验受益于测量系统(数据采集与处理系统)的先进性,包括传感器、试验严格以及模态提取算法等[11,12]。伽利略航天器模态测量是利用多种试验方法进行的,包括多输入正弦延迟、增量正弦扫描、单输入-多输入随机、脉冲激励以及相关的专家系统[13]。模态测量试验目前持续发展,多激励随机振动和多激励正弦扫描试验技术已经达到了很高的水平[14]。基于驱动的模态试验对低预算、开发周期短的小型航天器而言,是一种很有吸引力的方法,该方法是从环境试验和鉴定性振动试验中引申而来的。

3. 数学校验

可以采用多种数学校验方法来确定一个无约束动力学模型的方程是否正确。

1)刚度矩阵校验

(1)对称性(麦克斯韦互逆原理)。

(2)正的对角元素。

(3)半正定(K 没有负的特征值)。

(4)K 的特征值为零的数目等于刚体自由度数(通常为六个)与机械自由度数之和。

(5)在刚体运动过程中内力消失(或者应力能消失)。

2)质量阵校验

(1)对称性。

(2)正的对角元素。

(3)半正定(K 没有负的特征值)。

(4)就平动自由度而言,对称的刚体质量阵仅包含对角元素。

(5)所有主轴和惯量与模型质量特性中的惯性主轴和惯量相匹配。

3)正则模态校验

(1)无约束模型:①对 M 进行正交化,即 $\Phi^{\mathrm{T}}M\Phi$ 为单位矩阵。如果模态振型来自于试验并且正交化,非对角元素应该小于 0.1;②K 的正交化,即 $\Phi^{\mathrm{T}}K\Phi$ 为对角阵;③零频模态数等于刚体自由度(通常为六个)与机械自由度数目之和。

(2)带有固定界面自由度的模型:①与无约束模型的①、②相同;②固定界面模型不存在刚体模态,但存在机械自由度。

4)载荷变换矩阵校验

(1)由稳定的平动和转动物理加速度带来的载荷(包括内力、应力、相对位移)应当与有限元模型中采用相应的惯性力来表示的载荷相匹配。

(2)零载荷应该是由固定界面自由度集的刚体位移带来的。

4. 分析/试验相关性

模态测量试验(或模态测量)为开展验证性试验的动力学模型提供了基础,该动力学模型用于载荷的周期验证。即使对于较为简单的航天器构造,分析类模型几乎肯定需要进行一些修正以获得可以接受的相关性检验。对于非常复杂的航天器构造,可接受的相关性无法获得,因此试验模态往往用于替代通过分析得到的模态值。使用试验模态作为动力学载荷预示的最可靠的基础,在 20 世纪 60 年代初期空军项目中得到初次应用。为了进行直接相关性分析和试验模态分析,采用部件模态进行分析的界面边界条件必须与它们在试验中的边界条件一致。

由于需要利用质量矩阵来完成正交性校验,则依赖动力学数学模型的分析是必需的。另外,从分析角度看,当使用固定界面部件模型时,导出约束模态是需要的,而通过静力试验辨识得到约束模态通常是不切实际的。

某些情况下,在固定界面模态试验中会存在一些严重的问题。这些问题包括:①固定夹具和试验产品之间的耦合使结果掺入了很多不确定因素;②精确仿真飞行边界条件的困难,如航天飞机有效载荷的安装轴承;③制造和校验固定夹具的成本。相应地,当使用自由界面部件模态法时,从分析角度看,需要导出附着模态。但是,在这种情况下,经验上存在一种实际可能性,即在模态试验中通过在自由度上[7]直接施加力,从而导出附着模态,至少可以导出平动边界自由度的附着模态。马歇尔空间飞行中心对自由界面模态试验方法开展了多年研究,包括针对有效载荷界面残余柔性方程的实验测定[15]。第一阶段,这种技术被应用在空间站舱段的样机、复杂的壳结构以及材料科学实验室中,据报告称该方法很有效[16]。这种手段得到采用,从分析角度上,将试验数据转换成固定界面模型以替代自由界面法在系统模态综合中的应用。针对空间站舱段的收敛研究表明,Rubin 方法相比 MacNeal 方法(忽略剩余质量)和 Benfield-Hruda 方法(附加质量)更具优越性。正在研究还未发表的内容涉及一个二维网格航天飞机仿真器,该仿真器带有一个枢轴模拟器和一个空间站开拓者仿真器,以及后来完成的被转换到固定界面表述的自由界面经验公式与通过实验得到的固定界面模态之间的强相关性。

与"复模态"相对应的带阻尼正则模态可以在模态试验中进行确定,这意味着在表述航天器的阻尼矩阵中的实模态振型的偏差(即所有运动同步或者不同步)不能转换为交叉耦合项。而且,模态试验产品是不发生变化的,与飞行模式有些不同。例如,实际的液体推进剂可由一个典型温和的液体来替代(如水或酒精),液态氢贮箱在试验中通常为空箱。此外,一些部件是无法参与试验的,因此它们或者无法包含进去,或者由一个粗略的质量模拟器来代替。进一步,为了进行主要结构模态的实验测量,一些航天器的部件在试验中可能需要去除,如轻质相对柔软的部件、天线和太阳阵等。为了避免在模态试验中处理非线性问题,如果可能,删除非线性元素或将非线性元素线性化(如间隙补偿)。去除的部件可以分别进行试验,在后续分析中作为耦合项加入航天器模型中。这种方法通常与缺少部件附着点处理后的结果组合在一起使用。这种处理办法可以是安装一个刚体模拟器或一个甚至更多的任意刚体质量,以确保进行模态试验时界面柔性属性分布在感兴趣的频率范围内的模态。模态试件和飞行模式之间的所有差异必须进行分析处理,将基于试验的动力学模型依据飞行模式来修正,并建立验证性试验动力学模型,以用于对载荷寿命周期的验证。

3.1.6 低频响应分析

1. 低频瞬态响应分析

通常低频瞬态力函数表示为随时间变化的函数。通过对飞行器运动方程的积分可以计算出飞行器的模态响应。一个简便形式的数学积分表达式如下：

$$\ddot{q} + B_{diag}\dot{q} + \Omega^2 q = \Phi_F^T F(t) + \Phi_{NL}^T F_{NL}(\dot{q}, q) - B_{odiag}\dot{q} \qquad (3.20)$$

通过模态综合分析过程得到的系统模态如 3.1.2 节描述。系统广义坐标包含在矢量 q 中；自然频率为对角阵 Ω；模态振型为列阵 Φ。矩阵 B 为全阻尼阵，是对基于模态阻尼的部件模态的系统模态进行转换得到的。注意到，B 被分解成对角部分 B_{diag} 和非对角部分 B_{odiag}；一般做法是忽略 B_{odiag}，这一惯例往往会导致明显的误差[17]。这样式(3.20)的左边仅包括非耦合实模态。式(3.20)右边包含三部分广义力：$\Phi_F^T F(t)$ 为指定的外部力的广义矢量，$\Phi_{NL}^T F_{NL}(\dot{q}, q)$ 为非线性广义力矢量，来自于运动响应（如发射平台释放机构或飞行器内部的非线性因素），$B_{odiag}\dot{q}$ 为耦合模态力矢量，由阻尼的耦合效应产生。如果要求与一个时间步长内的运动结果具有可接受的兼容性，这后两组力需要经历每一时间步的迭代过程。一个力的突变（如平台支撑的释放、间隙的闭合、摩擦的变向、水压力等）也可能需要一个迭代过程。

处理式(3.20)中的阻尼和非线性因素的计算方法已经是很好的计算方法[17]。初始条件 $\dot{q}(0)$ 和 $q(0)$ 用于积分过程的初始化。例如，起飞瞬间的计算将包括诱导气流的初始运动。

对输出的选择可以划分为如下三类：

(1)响应的时间历程。特定的响应变量的选择（如加速度和载荷）取决于作用在广义响应上的一个响应恢复转换矩阵。

(2)所选择响应的最大值和最小值。

(3)对所选择的响应进行统计处理，如均值 μ、所选择 k 值的标准偏差 $\mu \pm k$。

分析工作常会包含一系列力载荷工况，而通常只关心每个工况的最大值和最小值。分析结果的统计分析一般针对这些最大值和最小值。

2. 低频声冲击的响应分析

针对特定有效载荷的计算对起飞过程整流罩内部声场和上升过程最大气动载荷的作用是显著的[18]。这种计算对于大面积、轻量级部件，如太阳阵和碟状天线而言是特别实际的。如果这类部件的结构评估需要综合考虑支撑结构和直接声冲击，那么对声激励也需要进行响应的分析预示。对航天飞机和大力神运载火箭开展的飞行测量工作，测量频率范围建议为 $30 \sim 200\,Hz$，该频率范围为存在显著的有效载荷声环境所在范围。为了覆盖这个频率的范围，建议只对单个子结构进行模态分析,而不对整个航天器进行这样的分析。例如,尽管可以对太阳阵单独进行结构的声试验评估,但如果它的伸展臂和附带设备需要进行组合载荷分析,那么还是要对其进行建模分析。

利用作用在结构表面区域上关于响应的压力谱和频响函数,对声激励产生的响应在频域中进行预示。对于式(3.20),在模态坐标 q 处受到表面离散力的运动方程如下:

$$\ddot{q} + B\dot{q} + \Omega^2 q = Q(t) = \Phi_F^{\mathrm{T}} F(t) \tag{3.21}$$

式中,力矢量 $F(t) = \{A_{\mathrm{eff}} p(t)\}$ 为作用在表面面元处的力,其有效面积 A_{eff} 与外部压力 $p(t)$ 相关。这些压力通常是建立在自由场压的依赖频率修正的基础上的(增益增长从 1dB 到 3dB 以上,频率增长从 20Hz 到 315Hz,甚至更高)。将力左乘模态振型矩阵的转置 Φ_F^{T},可转换这些力成模态(广义)力 $Q(t)$。B 是一个对角阻尼阵,形如 $2\zeta_n\omega_n$,假设消去部件模态综合后的解耦阻尼项,可以得到一个有效载荷的模态集,如碟状天线。

有效面积 A_{eff} 用于计算作用在表面面元相反面的压力的相关程度。局部 A_{eff} 相对实际面积的比率实际上是依赖于频率的,其值范围从 0(声波长与两边的声路径长度之比)到 $\sqrt{2}$(两边声波频率不相关但两边声波同等量级)。当然,如果仅一边暴露在声场中,其比率为 1。一种简化的力分布方法是,建立不同的面积单元,彼此不相关,并针对几个频率带宽,使面元尺寸随着带宽频率的增加而减少。

在频域内,模态位移响应 $G_q(f)$ 的谱矩阵(在对角元素中的自谱密度和非对角元素的互谱密度)表示如下:

$$G_q(f) = H_q^*(f) G_Q(f) H_q(f) \tag{3.22}$$

式中,$H_q(f)$ 为模态位移频响函数的对角阵;$H_q^*(f)$ 为 $H_q(f)$ 的复数共轭项。对于第 n 阶正交模态,有

$$H_{q,n}(f) = (f_n^2 - f^2 + \mathrm{j}2\zeta_n f_n f)^{-1} \tag{3.23}$$

$$G_Q(f) = \Phi_F^{\mathrm{T}} G_F(f) \Phi_F \tag{3.24}$$

式中,$G_Q(f)$ 和 $G_F(f)$ 分别为 $Q(t)$ 和 $F(t)$ 的谱矩阵。需要注意的是,即使每个面元都有一个压力且该压力与其他面元的压力不相关,$G_Q(f)$ 依然是一个非对角阵,因为每个模态力是由相同压力的加权和得到的,权系数涉及模态位移和有效面积。

物理位移 x 和加速度 $\ddot{x}$ 的谱矩阵为

$$G_x(f) = \Phi G_q(f) \Phi^T \ddot{x}$$

$$G_{\ddot{x}}(f) = (2\pi f)^4 G_x(f)$$

(3.25)

利用式(3.22)、式(3.24)和式(3.25),将力谱转换为位移谱,即

$$G_x = \Phi H_q^* \Phi_F^T G_F \Phi_F H_q \Phi^T$$

(3.26)

式中,G_x、G_F、H_q 的频率相关性无法显式化。对结构评估而言,通常仅仅确定对角元素 G_x 和 $G_{\ddot{x}}$ 值就足够了,这两个值分别为物理位移 x 和加速度 $\ddot{x}$ 的自谱密度。下一步确定这些自谱在激励频率范围内积分,生成响应的均方值,由于响应有一个零均值,可以进行均方根处理以得到均方根值,作为响应的实际标准偏差 σ_x。

文献[19]中提出了一种矩阵形式的 FORTRAN 程序表达方式。特别是,文中规定在某模态附近的频率中,其频率增量必须小于等于该模态半功率带宽的 1/4。也可以参考 3.2.1 节和 3.2.3 节中所包含的不以矩阵形式描述的频域分析内容。同时,如果可以获得压力的时域数据,对式(3.21)进行直接积分,可以得到模态响应 $q(t)$,然后转换到物理响应 $x(t)$,最终确定响应的均方根值。

从通常角度来看,作用在整流罩外部的压力场激励声弹性耦合系统,该系统包括整流罩和有效载荷结构,以及受到干扰的声场容积。近些年,这些耦合系统已经利用有限元和边界元方法进行了分析,分别得到与流体相解耦的结构模态和流体模态[20]。使用边界元方法,在结构的边界面及其对应的标准流体运动处,建立了带有压力自由度的流体模型。该方法的大多数应用都是针对汽车问题,而文献[21]中则针对太阳阵开展应用研究。两个代表当今技术水平的用于流体建模和液固耦合的计算软件分别是结构动力学研究公司(SDRC)发布的 I-DEAS Vibro-Acoustics™ 和 Leuven 测量系统公司(LMS)发布的 SYSNOISE。

3. 基于冲击响应谱的非定常随机激励的等效定常随机激励

一个在飞行中测量的随机激励是非定常的。当需要计算结构载荷或者需要进行随机振动试验时,一般惯例是要提供一个功率谱密度(PSD)特性,将其作为定常随机力函数用于分析或试验。将数据向 PSD 的转换通常是对整个事件的一个短时间间隔的序列值求 PSD 极值的过程。针对平均时间和带宽的最佳组合的评估关注单个力谱的偏差值和随机误差之间的最小值。

PSD 的极值处理未涉及与结构响应直接相关数据的非定常特性。一种直接方法是将对结构模态响应峰值的计算用于非定常数据的功率谱密度计算

过程。

特别是，先计算一个单自由度响应谱（SRS）（经常称为一个冲击响应谱或 SRS，见 1.2.11 节），然后将其调整为一个有限响应谱（LRS），随后对定常随机白噪声激励的功率谱密度进行计算，以得到每个自然频率的最大响应均相同。

单个自由度系统（自然频率 f_n 和谐振放大率 Q）的均方响应 σ^2 与零均值定常白色噪声激励的功率谱密度 G_0 之间的关系如下：

$$\sigma^2 = (\pi/2) G_0 f_n Q \tag{3.27}$$

如果 G_0 是在频率 f_n 处的功率谱密度值且随机输入不是白噪声时，式（3.27）通常称为 Miles 方程，有着很好的近似度。系数 r 乘以均方根响应值 σ，得到有限响应谱 $\mathrm{LRS}(f_n, Q)$，即

$$r\sigma = \mathrm{LRS}(f_n, Q) \tag{3.28}$$

利用式（3.27）计算相应的 $G_0(f_n, Q, r)$ 值，可得

$$G_0(f_n, Q, r) = \frac{2}{\pi f_n Q} \left[\frac{\mathrm{LRS}(f_n, Q)}{r} \right]^2 \tag{3.29}$$

高斯输入 $G_0(f_n, Q, r)$ 作为一个由 f_n、Q 表述的单个结构模态的输入，模态响应的峰值等于 r 乘以定常模态响应的均方根值 σ，响应峰值完全等于相应的有限响应谱值。在得到等效谱以后，如果期望改变 r_1 的乘数，需要如下关系来描述一个调整的等量功率谱密度 $G_1(f_n, Q, r_1)$：

$$G_1(f_n, Q, r_1) = (r/r_1)^2 G_0(f_n Q, r) \tag{3.30}$$

这里要强调的是，只要同一个 r 系数用于计算等效功率谱密度和模态响应峰值，则其响应将与原始的有限响应谱值一致。本质上，一个等效功率谱密度是由 Q 值和 r 值推导出来的。

自然频率的解算应该足够高，以便不漏掉任何窄带峰值。随着 Q 的增大，这将是一个不断增长的苛刻要求。时域数据的傅里叶变换可以用来辨识峰值处的频率。对于大力神-4B 运载火箭起飞时的工况，其整流罩内部压力采用 $Q=50$（临界阻尼为 1%），其力谱在 1/12 倍频程的频率空间内得到令人满意的解算。

如果期望得到导出的等效定常功率谱密度的疲劳基线，必须进行一个单自由度响应周期振幅的计算过程，还需要疲劳耐受的应用标准[22]。

3.1.7 组合低频响应

1. 所有单个模态的组合响应

有时通过明确航天器每个模态的响应边界,然后进行组合以建立所有载荷峰值。例如,如 3.1.4 节和 3.1.6 节所述,一种处理非定常数据的方法适于计算模态峰值响应。一种组合方法就是对模态峰值响应求 SRSS(对所有模态的平方和求方根)。该方法基于如下假设:如果这些模态响应是均值为零的、定常、随机,并且彼此不相关,则模态响应是可以进行处理的。可是,当出现模态密集时,各模态响应之间的相关性非常强。文献[23]提出了一种方法,可以处理模态密集情况下的模态响应。研究一个存在模态密集情况的三维建筑模型在地震波激励下的模态响应时,发现由 SRSS 方法得到的结果与正确的响应吻合得非常好。保留这类模态的局部响应的符号是必要的,以便在对模态响应进行组合处理时,允许参与计算的模态进一步放大或删除。

这种方法称为完全二次综合(complete quadratic combination,CQC)方法。当激励的时间长于结构模态的周期且激励谱在频率范围内比较光滑时,该方法是适用的。该方法要求,一个组合载荷的峰值 L_c(平均地分布到所有响应幅值)能用二次型来表述:

$$L_c = \left(\sum_i \sum_j L_i \rho_{ij} L_j \right)^{1/2} \tag{3.31}$$

式中,L_i 和 L_j 为第 i 阶和第 j 阶模态的峰值载荷,包括与它们广义模态力函数和模态振型相关的符号。模态相关系数 ρ_{ij} 为

$$\rho_{ij} = \rho_{ji} = \frac{8\zeta^2 r^{3/2}}{(r+1)\left[(r-1)^2 + 4\zeta^2 r\right]} \tag{3.32}$$

式中,$r = \omega_j / \omega_i$,为模态自然频率之间的比率。当所有模态有相同的黏性阻尼比时,这是一种适用的简化形式。当两个模态频率非常接近时,其 ρ_{ij} 值偏向 1,而当两个模态频率相距较远时,ρ_{ij} 值则偏向 0。如果所有频率相距较远,CQC 方法与 SRSS 方法近似。

将式(3.31)以矩阵形式来描述:

$$L_c = L^{\mathrm{T}} \rho L \tag{3.33}$$

式中,L_c 为组合载荷矢量;L 为相应单个模态的载荷矩阵(矩阵的每列包含了特定载荷的模态分量);ρ 为相应的模态相关系数矩阵。

2. 来自确定性和随机激励的组合载荷

伴随确定性载荷分量(一般为自然界的瞬态激励)出现的随机载荷分量(一般为自然界的声振)可能是整个载荷的一个显著部分。当确定性和随机载荷组合在一起时,最简单的惯用方法就是对每个激励源最大载荷采用 SRSS 法,即

$$L = (LD_{max}^2 + LR_{max}^2)^{1/2} \tag{3.34}$$

式中,LD 和 LR 分别为确定性和随机诱导载荷。如果它们为零均值不相关定常随机变量,那么对载荷时间历程 LD(t) 和 LR(t) 的处理将是有效的。一个问题就是如何适当选择随机载荷均方根的系数,以确定最大载荷值。对航天飞机和大力神运载火箭的研究结果建议,在起飞时系数为 3.5,出现最大气动载荷时选 4.0。

另一种方法是在载荷波动期间,通过对载荷峰值及其正负方向进行统计来处理这两类载荷。从这个角度来看,对于载荷的每个方向、每个载荷激励源,单个方向的载荷峰值的均值以及散布值的最大值(最大值和峰值的平均值是不同的)被确定。对于每个方向,通过将散布值的均值和 SRSS 值叠加来实现载荷的组合。实际上,就两个载荷激励源而言,与均值相比,振动峰值被定义均值为零的不相关定常随机变量。

$$L = LD_{av} + LR_{av} + (LD_{disp}^2 + LR_{disp}^2)^{1/2} \tag{3.35}$$

多个载荷在统计学上的叠加是有重要意义的,如多个由于起飞和整流罩内声场的直接冲击所导致的航天器机械载荷(LM)组合在一起。对这样一种组合所采用的表达方法如下:

$$L = LM_{av} + 1.25\sigma_A + [(LM_{max} - LM_{av})^2 + (2.19\sigma_A)^2]^{1/2} \tag{3.36}$$

式中,假设诱导的声响应峰值是瑞利分布,因此峰值的均值是均方根值的 1.25 倍,峰值的 3σ 值为 $3.44\sigma_A$(其中 2.19 = 3.44−1.25)。

文献[23]推荐了一种方法:基于一个统计量来确定超过特定载荷量级的概率。一个定常均值为零的高斯分布的随机载荷由它的一阶倒数的标准偏差来表述。这种不相关的确定性瞬态载荷和它的一阶时间导数被包含在用于分析未超过特定峰值载荷概率的表达式中。该表达式用于分段定常随机区间以及每个区间内未超过特定载荷概率之和的计算中。

任何预示方法的有效性都应该通过飞行试验的预示来鉴定。遗憾的是,很少能获得有效载荷的响应数据,因此对有效载荷部分(如起飞过程中组合声场

和天线瞬态激励)的特定预示过程是建立在仿真计算基础上的,以便更透彻地了解预示中的保守程度。

3.1.6 节中讨论了一个冲击响应基谱,用于导出一个等效的声力谱。需要注意的是,$3\sigma_A$ 是定义等效载荷的基础,式(3.36)中的 2.19 将由 1.75 替代。

3.1.8　评估

1. 用于模态分析的边界条件的替换评估

关于所用边界条件的界面点(固定、自由、中间约束)应该确定下来,以便与模态试验所用的边界点相匹配。每种方法都有优点和局限性,从这种观点看,必须区分出两种类型的界面点,即运载火箭界面点和部件界面点,部件界面点来源于模态试验中的缺失部件。

固定界面建模方法主要用于对运载火箭界面点的处理,因为其他两种方法有一个相对小的经验基础。应该记住的是,固定建模方法不去验证与这些界面点运动有关的动力学特性,而是要整个依赖于刚性分析模型。由于运载火箭界面刚性相对较强,经验模态近似于耦合运载系统中的那些模态所做的调整很少是有效的。而且,特别是对于大型航天器,模拟其固定约束条件的能力可能很差,因为缺少一个能将其完全固定的试验装置。一个厂房地板通常无法提供足够的固定约束。相反,使用一个大型抗地震的重块来对航天器进行固定。另外一种限制是,重块安装表面的尺寸可能无法适应一个非常大的试验对象。

对于部件的边界点,为了拿取方便,取消了固定约束。典型方法是用一个质量模拟器来替代缺少的部件。这个部件可能被去掉,这是因为对于试验而言是无法获得的,或者其特性的非线性需要单独进行试验,或者可能存在复杂的多模态属性,最好单独试验,如大型天线等。在模拟器的所有六个自由度上装有仪器设备是至关重要的。这种情况下,局部采用几个刚体模拟器可能是不错的选择。除非缺失的部件已经进行了试验,并表明一个刚体模拟器对于动力学建模是可接受的,否则用一个经过模态试验确定的部件动力学模型代替这个模拟器进行分析是必要的。另一个方法就是在模态试验过程中,释放几个边界点并驱动那些边界点。

在运载的界面点处的自由界面条件是一个可以采纳的选择,尽管在模态试验过程中要很慎重地驱动这些点以得到界面自由度精确的频响函数。该方法仅仅在几种条件下得到了实现,其实现规范还不能很好地建立起来。除了平动自由度,还要驱动转动自由度,这就需要用一个特别的重块施加在驱动点处,并将所施加力的效果转换成平动和转动分量。

联合使用上述三种界面类型的工况,可以得到某些特定工况的动力学。例如,对运载火箭上的一些界面点进行固定使大型航天器能够用于试验(或许仅仅三点固定以提供一个非冗余支撑)。另一些界面点可以用质量载荷来替代,或者将它们附着在一个支座上,测量这些点所有自由度的阻抗。另外一种选择是将其他的界面点释放并在模态试验中进行驱动。

2. 模态验证方法的评估

模态验证的一个关键问题是被验证的模态指的是什么。它是对感兴趣频率范围内的所有模态的精确描述,还是仅仅希望描述重要的模态,如文献[1]中所述的"建立在一个有效质量计算基础上,并对特定载荷或变形特性非常重要的模态"。如果前述的载荷分析用于判断哪些模态是不显著的,那么存在被一个错误的模型误导的危险。如果所有的模态都要验证,那么在模态测量试验的复杂性以及试验和分析模态之间相关性研究方面会带来一个严峻的挑战。

经验表明,当比较复杂的附件(如太阳阵、大型敏感器和天线以及非线性部件)从航天器上去除后,剩余结构的模态通常可以得到相当精度的测量结果。对这些附件进行单个模态的测试,然后利用部件模态综合法生成整个航天器的动力学模型。经验模态的可接受性意味着那些满足严格的正交检验(非对角元素不大于0.1)和"完备性准则",即通过仔细的频响函数检查来确定没有丢失的模态。如果正交性目标在花费了很大的努力后还是没能达到,那么通常用模态不确定因子(MUF)来进行补偿。

3. 对所有完成了的运载火箭模态分析的替代方案的评估

重分析已经被用于由于航天器的变化带来的界面响应的变化的保守预估,此时,运载或力函数均不发生变化。重分析推动了航天器的设计过程,通过允许航天器承包商开展独立分析,来得到设计阶段上升载荷的结果。广义冲击谱方法也是这个目的,推动了敏感度的研究工作,如自然频率的容差等。尽管运载全尺寸分析法有更加保守的载荷,但是这些方法也具有相应的优点。只要这是可以容忍的,从计划角度来看,采纳这样一种方法甚至在设计固化后,也是有意义的。有效载荷预示方法的分类如表 3.2 所示。

表 3.2　有效载荷预示方法概述

方法	频率范围	要求	应用	说明
模态质量加速度曲线	达到 150Hz	加速度与模态有效质量的关系曲线（基于过去经验）	每个模态的加速度峰值曲线；对模态载荷采用 SRSS 方法得到物理载荷	成本较低；仅仅需要载荷模态；通常得到上边界载荷由 CLA 检验或重新定义
广义模态冲击谱	50Hz 以下	通过对已有 CLA 的频率调整得到的模态加速度边界	除了使用已有分析外，与 MMAC 相似用以获取模态加速度边界，考虑与之前分析不同的界面阻抗	来自 MMAC 的中频模态载荷
重分析法	50Hz 以下	对于同一个运载火箭的已有 CLA 得到的界面 $x(t)$；已有的和新研航天器的固定界面模态；已有航天器的系统模态	考虑有效载荷模态变化的基础激励瞬态响应分析；引入一系列模态频率变量，以得到最坏工况耦合作用下的最大载荷	需要确定界面（通常不是一个重要的缺点）。航天器承包商使用早期的 CLA 结果独立开展分析
耦合载荷分析	50Hz 以下	运载系统模态和运载力函数	瞬态响应分析；由 SRSS 得到的 CLA 载荷与来自 MMAC 的中频载荷的组合	偏于保守的预示方法

3.2　高频振动响应

空间飞行器的高频振动响应（如频率为 50Hz 以上的振动响应）是由表 3.1 中概述的五种激励中的一种或几种造成的。在几乎所有的案例中，引擎/发动机发射段的声噪声和（或）上升段通过跨音速及最大动压力速度时的气动噪声是空间飞行器高频结构振动的主要来源。2.4 节～2.6 节中详细记录由这些事件产生的扰动函数使空间飞行器/有效载荷结构上的压力载荷呈现随机特性。因此，本节的重点为随机压力载荷下结构响应的预示。然而，本节概述的大多数预示算法也适用于表 3.1 中其他两种高频结构振动源（如高频准周期激励和结构传播式振动激励），其包含对结构随机或非随机的运动输入。

用于预示空间飞行器结构的高频振动响应有五种基本算法,即经典正交模态分析法、统计能量分析法、有限元法、外推法、直接测量法。

3.2.1　经典正交模态分析法

假定任意结构被作用于面积为 A 的随机压力场下,该面积下任意向量位置 x 上结构响应的自谱为

$$G_f(x,f) = A^2 G_p(f) \sum_i \sum_k \phi_i(x) \phi_k(x) H_i^*(f) H_k(f) j_{ik}^2(f) \quad (3.37)$$

式中

$$j_{ik}^2(f) = \frac{1}{A^2 G_p(f)} \iint_{v\,u} G(u,v,f) \phi_i(u) \phi_k(v) \, du\, dv \quad (3.38)$$

其中,u、v 为力场接触的结构平面上的向量位置;$\phi_i(u)$ 为结构第 i 个正交模态的振型;$\phi_k(v)$ 为结构第 k 个正交模态的振型;$H_i(f)$ 为结构第 i 个正交模态的模态频响;$G_p(f)$ 为压力场的基准自谱(通常在最大压强点处);$G(u,v,f)$ 为向量位置 u 和 v 间的压力场互谱,$*$ 为复共轭。

方程(3.38)中的函数 $j_{ik}^2(f)$ 称为"互导纳函数",且可被视为"格林函数"。方程(3.37)中的模态响应函数可记为

$$H(f) = \frac{1/K}{1 - (f/f_n)^2 + j2\zeta f/f_n} \quad (3.39)$$

式中,$f_n = \frac{1}{2\pi}\sqrt{\frac{K}{M}}$;$\zeta = \frac{C}{2\sqrt{KM}}$,$K = 2\pi^2 f_n^2 M$ 为模态刚度,$M = \int\limits_x m(x)\phi^2(x)\,dx$ 为模态质量,$C = \int\limits_x c(x)\phi^2(x)\,dx$ 为模态阻尼,$m(x)$ 为向量位置 x 处的结构质量密度,$c(x)$ 为向量位置 x 处的结构阻尼密度。

对于航空航天的应用,由于假设交叉项可忽略(其中 $i \neq k$),则方程(3.37)通常都得以简化。该项假设在空气中适用但并不适用于水中,且该假设允许方程(3.37)可替换为

$$G_r(x,f) = A^2 G_p(f) \sum_i \phi_i^2(f) \, |H_i(f)|^2 j_i^2(f) \quad (3.40)$$

式中,$j_i^2(f)$ 称为"结合导纳函数"。

用经典正交模态分析方法来预示压力场作用下的结构响应的优势在于假设必需的压力场和结构数据可用,该项技术可提供精度很高的结果,即既为频率也为空间位置的一个函数。该项技术的主要不足如下:

(1)算法中需要结构表面由振动产生的压力场的空间互谱的准确信息。该互谱的信息经常为粗略近似(见 2.4 节至 2.6 节)。

(2)算法中需要振动预示中直到关心的最高频率的结构正交模态(如振型和频率)的准确信息。当频率高于第 50 阶正交模态时,对大型空间飞行器相当于频率小于 100Hz 时,通过实验或分析(FEM)算法来确定复杂结构的正交模态的不精确度逐步增大。因此,对相对小型的组件的高频振动预示,如有效载荷,该项技术一般仅限于频段的较低端。

后一项问题(如定义振型和频率中的误差)直接导致在特定位置和频率处自谱的误差。计算结果是通过在面积为 A 和宽度为 Δf 的频段上进行平均,这些误差能够得以抑制。通过频率和空间平均,方程(3.40)简化为

$$\langle G_r(x, f) \rangle \approx \frac{f^4 A^2}{16 \Delta f} G_p(f) \sum_{i \in \Delta f} \frac{j_i^2(f)}{f_i^3 M_i^2 \eta_i} \tag{3.41}$$

式中, η_i 为第 i 阶正交模态的损耗因子(如 $\eta_i = 2\zeta_i$)。该损耗因子假设为三类贡献的求和,即结构阻尼、辐射阻尼和气动阻尼,如

$$\eta_i = \eta_{i;\,struc} + \eta_{i;\,rad} + \eta_{i;\,aero} \tag{3.42}$$

辐射阻尼大致为与零平均流动环境相关的空气阻尼,且气动阻尼为与非零平均流动出现相关的递增变化。对经典正交模态算法的详解和对航天飞机振动及声预示应用的阐述详见文献[24]。

3.2.2　统计能量分析法

作为航空航天系统高频振动分析的一种方法,统计能量分析(SEA)法已经得到认可[25]。计算机软件如 VAPEPS、SEAM 和 AutoSEA 的出现使得通过发展大型 SEA 模型来获取实际飞行系统的精确预示成为可能。SEA 模型从统计力学、室内声学、波的传播和模态分析中借鉴了很多基本概念。首先,该算法看起来是一种非常简便的分析方法。然而,由于在构建基本 SEA 方程时所使用的概念的差异,该方法变得非常复杂。鉴于此,建议谨慎使用 SEA 法。当使用适当时,SEA 法是一种行之有效的分析方法。

SEA 法能够通过两种途径来评估高频随机振动。首先,SEA 法能用来预示一点激励,而另一点响应相关的振动传递函数。高频振动在结构中的传播称为结构噪声和振动(见 2.7 节)。SEA 法也能来预示激励为声压力场或脉动气动压力场的振动响应。一般来说,外部声场和气动场的结构激励及向内部设备位置传播的振动结果必须要考虑。

　　在 SEA 模型中,分析系统被分为一系列耦合的子系统。每个子系统代表特征相似的一组模态。SEA 子系统能作为振动或声能量流中的"控制体积"。在稳态条件下,对一个单独的子系统,由外部源和与其相连的子系统产生对该子系统的时域平均输入功率必须等于由阻尼和相连子系统间的功率传递产生的该子系统功率耗散的和。

　　将大型复杂航空航天结构的 SEA 模型建成 400～500 个子系统。然而,更小的模型(少于 10 个子系统)可用来研究由结构直接被激励产生的振动响应或研究短距离的结构振动传播。

　　例如,考虑运载火箭整流罩内安装在设备平台上的一个电子元件,如图 3.1 所示。由于典型元件自身的共振频率处于 200～400Hz,要加以考虑该元件的高频随机振动环境。该问题简单的 SEA 模型如图 3.2 所示。在该模型中使用了三个子系统:整流罩模态的子系统、与整流罩相连的环形框架模态的子系统和设备平台模态的子系统。为简化该问题,只考虑弯曲模态。对更复杂的问题,由于这些结构的面内压缩和剪切模态可能会增加子系统,且为建模完整的航天器组合可增加额外的子结构和声空间。

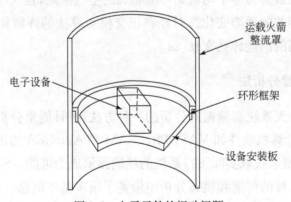

　　　　　　　　　　　　　　运载火箭
　　　　　　　　　　　　　　整流罩

电子设备

　　　　　　　　　　　　　　环形框架

　　　　　　　　　　　　　　设备安装板

图 3.1　电子元件的振动问题

　　飞行器起飞时外部声场的振动输入功率被定为整流罩模态激励 W_1^{in}。若已知整流罩模态,该参数可用结合导纳函数进行计算,如 3.2.1 节所示,或是应用统计技术进行计算。在很多案例中,SEA 模型能够扩展为包含一个外部声场的子系统。需确定前述子系统的压强水平,且 SEA 模型用于计算外部声场子系统和整流罩间的耦合。

　　然而,SEA 模型中假设外部声场为扩散场,因此必须谨慎使用。"效率"因

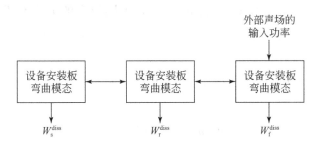

图 3.2　结构振动传递的 SEA 模型

子与由定向发射声场或湍流边界层场或分离流场产生的输入功率相关。

　　每一子系统中耗散的时域平均功率可由 $W_{\mathrm{f}}^{\mathrm{diss}}$、$W_{\mathrm{r}}^{\mathrm{diss}}$ 和 $W_{\mathrm{s}}^{\mathrm{diss}}$ 表示。按常用阻尼损耗因子的定义,子系统中耗散的时域平均功率可根据系统的时域平均能量和振动的圆频率写出:

$$W_{\mathrm{s}}^{\mathrm{diss}} = \omega \eta_{\mathrm{s,diss}} E_{\mathrm{s}} \tag{3.43}$$

式中,ω 为圆频率(一般为 1/3 倍频程的中心频率);$\eta_{\mathrm{s,diss}}$ 为子系统 s 的阻尼损耗因子,且 E_{s} 为子系统 s 的时域平均能量。相似的方程应用到子系统 r 和 f 上。

　　相连子系统间的能量传递也可假设为与每一个系统能量成正比。类比耗散功率,传递功率的比例系数称为耦合损耗因子。然而,两系统间的能量流是双向的,因此必须确定两个耦合损耗因子,以便给出两个相连子系统间的净能量流:

$$W_{\mathrm{f,r}}^{\mathrm{trans}} = \omega \eta_{\mathrm{f,r}} E_{\mathrm{f}} - \omega \eta_{\mathrm{f,r}} E_{\mathrm{r}} \tag{3.44}$$

式中,$\eta_{\mathrm{f,r}}$ 和 $\eta_{\mathrm{r,f}}$ 为子系统 f 与 r 间和子系统 r 与 f 间的耦合损耗因子。这两个耦合损耗因子并不相等。现在,能够写出每个子系统的功率平衡,通过该平衡可建立子系统能量与输入功率联系起来的线性方程组:

$$\begin{bmatrix} \eta_{\mathrm{f,d}} + \eta_{\mathrm{f,r}} + \eta_{\mathrm{f,s}} & -\eta_{\mathrm{r,f}} & -\eta_{\mathrm{s,r}} \\ -\eta_{\mathrm{f,r}} & \eta_{\mathrm{r,d}} + \eta_{\mathrm{r,f}} + \eta_{\mathrm{r,s}} & -\eta_{\mathrm{s,r}} \\ -\eta_{\mathrm{f,s}} & -\eta_{\mathrm{r,s}} & \eta_{\mathrm{s,d}} + \eta_{\mathrm{s,f}} + \eta_{\mathrm{s,r}} \end{bmatrix} \begin{bmatrix} E_{\mathrm{f}} \\ E_{\mathrm{r}} \\ E_{\mathrm{s}} \end{bmatrix} = \begin{bmatrix} W_{\mathrm{f}}^{\mathrm{in}} \\ W_{\mathrm{r}}^{\mathrm{in}} \\ W_{\mathrm{s}}^{\mathrm{in}} \end{bmatrix} \tag{3.45}$$

　　注意,通常在 SEA 模型中所使用的下标标识并不是传统的矩阵标识,损耗因子矩阵并不对称。

1. SEA 法的互易性

在 SEA 法中使用的耦合损耗因子一般并不互易,即 $\eta_{\mathrm{s,r}} \neq \eta_{\mathrm{r,s}}$。然而,若假

设一给定子系统中的所有模态能量相等,且不同模态的响应互不相关,互易关系即可建立。该关系中的假设比一般互易性的陈述更为严格,因此应该使用 SEA 模型的互易性。

SEA 模型的互易性需将两个子系统间的耦合损耗因子与模态密度联系起来,即

$$n(\omega)_s \eta_{s;r} = n(\omega)_r \eta_{r;s} \tag{3.46}$$

应用该关系可引入一项新的耦合因子 β,且该因子的引入使能量平衡方程改写为对称的形式,即

$$\begin{bmatrix} \beta_{f;d} + \beta_{f;r} + \beta_{f;s} & -\beta_{r;f} & -\beta_{s;r} \\ -\beta_{f;r} & \beta_{r;d} + \beta_{r;f} + \beta_{r;s} & -\beta_{s;r} \\ -\beta_{f;s} & -\beta_{r;s} & \beta_{s;d} + \beta_{s;f} + \beta_{s;r} \end{bmatrix} \begin{bmatrix} E_f/n(\omega)_f \\ E_r/n(\omega)_f \\ E_s/n(\omega)_f \end{bmatrix} = \begin{bmatrix} W_f^{in} \\ W_r^{in} \\ W_s^{in} \end{bmatrix} \tag{3.47}$$

式中

$$\beta_{s;r} = \omega \eta_{s;r} n(\omega)_s = \omega \eta_{r;s} n(\omega)_r = \beta_{r;s} \tag{3.48}$$

总能量与模态密度的比具有功率单位,或者可称为"模态功率"。

2. 耦合损耗因子的测量

耦合损耗因子或耦合因子不能直接测量。然而,应用功率输入技术可由测量的输入功率和响应能量推出耦合因子。应用该技术,每个子系统轮流受单位功率的激励,并且测量各子系统的能量响应,从而建立被测能量的矩阵。矩阵中每列对应于单独一个子系统受激励时所有被测的响应能量。例如,第二列包含了第二个子系统受激励时的所有被测能量。通过对被测子系统的能量矩阵进行求逆可确定耦合损耗因子矩阵:

$$[\eta] = [E]^{-1} \tag{3.49}$$

非对角线上的项为耦合损耗因子的负值,而将每行所有的项相加就得到阻尼损耗因子。该测量技术成功用于"测量"原地耦合和阻尼损耗因子。然而,能量测量的误差会引起被测损耗因子的大误差。包含强耦合子系统的系统会导致能量矩阵的条件数极差,这是由于矩阵中的两列或三列几乎相等。因此,成功应用测量技术需仔细辨别子系统。当耦合损耗因子比阻尼损耗因子小时,即弱耦合条件下将会得到最好的结果,因此损耗因子矩阵即对角占优。

当子系统内包含面内压缩和剪切模态时,子系统能量的测量会非常困难。

面内模态的刚度很大,因此很小的面内运动也会产生大量的能量。当子系统的质量并不是均布时,子系统能量的测量也会变得很难。对于这些子系统,必须确定每个测点处的有效质量或动质量。

3. 耦合损耗因子理论

耦合损耗因子可由子系统振动的波或模态进行解析预示。当子系统的维数大于连接处的维数时,如梁与点相连、板与点或线相连和声空间与点、线及面相连,则可应用波理论。当子系统的维数与连接处的维数相等时,如梁与线相连、板与面相连,则可应用模态理论。

当连接处所有的子系统都可应用波理论时,据功率传递系数可得子系统的耦合损耗因子。对于梁间的点连接,子系统 s 和子系统 r 间的耦合因子为

$$\beta_{s;r} = \omega \eta_{s;r} n_s(\omega) = \frac{1}{2\pi} \tau_{s;r} \tag{3.50}$$

式中,$\tau_{s;r}$ 为功率传递系数。功率传递系数必须考虑连接处所有自由度,即三个平动自由度和三个转动自由度间的能量传递。对只有一个自由度的点连接(其余所有自由度均被约束),传递系数为

$$\tau_{s;r} = \frac{4R_s R_r}{|Z_j|^2} \tag{3.51}$$

其中,R 为未被约束自由度的子系统的阻抗(阻抗的实部),且 Z_j 为连接处的阻抗,即连接于该点的所有子系统阻抗之和。只要阻抗正确,由方程(3.50)和方程(3.51)所得的耦合损耗因子也可用于只与点相连的二维或三维子系统,且该连接为单自由度的点连接。对多自由度的点连接,可通过将所有自由度的功率传递系数求和来评估耦合因子。

通过长为 L 的线连接的二维子系统的耦合因子可根据功率传递系数给出。然而,针对这种情况必须对所有入射角度进行积分。根据角度平均传递系数给出的耦合因子为

$$\beta_{s;r} = \omega \eta_{s;r} n_s(\omega) = \frac{1}{2\pi} \frac{k_s L}{\pi} \overline{\tau}_{s;r} \tag{3.52}$$

式中,k_s 为源子系统的波数,$\overline{\tau}_{s;r}$ 为

$$\overline{\tau}_{s;r} = \frac{1}{2} \int_{-\pi/2}^{\pi/2} \tau_{s;r}(\theta_s) \cos\theta_s d\theta_s \tag{3.53}$$

θ_s 为源子系统上波的入射角度,参数 $k_s L/\pi$ 为线连接的有效点数。对于线连

接,功率传递系数必须考虑三个平动和一个转动这四个自由度的能量传递。对于单独一个自由度,入射角为 θ_s 的传递系数可用源子系统和接收子系统的线阻抗表示,即

$$\tau_{s;r}(\theta_s) = \frac{4R_s(k_t)R_r(k_t)}{|Z_j(k_t)|^2} \tag{3.54}$$

式中,k_t 为由 $k_s\cos\theta_s$ 给出的追迹波数;$R(k_t)$ 为与未约束自由度相关的线阻抗的实部。

若对实体上所有入射角度进行积分,则上述公式可用于预示通过线连接相连的三维子系统间的耦合损耗因子。针对这种情况,角度平均传递系数为

$$\bar{\tau}_{s;r} = \int_{-\pi/2}^{\pi/2} \tau_{s;r}(\theta_s)\sin\theta_s\cos\theta_s\,d\theta_s \tag{3.55}$$

对三维子系统间的面连接,据角度平均传递系数给出的耦合因子为

$$\beta_{s;r} = \omega\eta_{s;r}n_s(\omega) = \frac{1}{2\pi}\frac{k_s^2 S}{4\pi}\bar{\tau}_{s;r} \tag{3.56}$$

式中,S 为连接处的面积。面连接的有效点数由参数 $k_s^2 S/(4\pi)$ 给出。

当子系统的维数与耦合的维数相等时,需应用模态计算耦合损耗因子。例如,一个二维子系统(如板或壳)与一个三维子系统(如声空间)之间的耦合损耗因子的获得是通过计算板上每个模态的辐射效率并对分析频段内所有共振频率的模态进行平均而得出的,即

$$\eta_{s;r} = \frac{\rho_r c_r S}{\omega M_s}\frac{1}{N_s}\sum_i \sigma_i^{rad} \tag{3.57}$$

式中,$\rho_r c_r$ 为声空间的特征阻抗;M_s 为板的质量;N_s 为板的模态数;σ_i^{rad} 为板上第 i 阶模态的辐射效率。通过将模态分成"边"和"角"模态,可得上述求和的近似。

功率传递系数和辐射效率的计算能达到很高的精度。然而,要描述这些参数与 SEA 耦合损耗因子间的关系,需对被连接子系统的振动场做出一些假设。首先,假设两子系统的振动是不相关的;其次,假设两子系统的振动是"扩散的"——波从所有角度入射到子系统同一点上的强度是相同的。尽管这些假设很难得到证明,甚至对于理想的结构和声空间也很难得到证明,但对于高频情况,即很多模态参与振动响应,这些假设一般适用于弱耦合。这些假设对强耦合的有效性还存在问题。

庆幸的是,对强耦合子系统用上述方程计算时产生的误差一般很小。对低频情况,即仅几个模态参与响应,这些假设还存在问题。在低频时,由上述方程求得的耦合损耗因子过大。然而,这个误差又很难量化。尽管对这些假设的有

效性存在限定,但上述方程对耦合损耗因子提供了有效的评估,甚至是对低频情况的强耦合子系统。

4. 阻尼损耗因子理论

阻尼损耗因子可通过对自由层和约束层的处理进行解析预示。对声空间的阻尼常用平均吸收系数来确定而不是耦合损耗因子。声空间内功率的耗散可根据时域平均能量和吸收系数给出,即

$$W_s^{\text{diss}} = \omega \frac{S_a}{4k_a V_a} a_{a;\text{diss}} E_a = \omega \eta_{a;\text{diss}} E_a \qquad (3.58)$$

式中,S_a 为吸收表面的面积;V_a 为声空间的体积;k_a 为声的波数。随之,声空间的阻尼损耗因子能通过其与平均吸收系数的关系得到,即

$$\eta_{a;\text{diss}} = \frac{S_a}{4k_a V_a} a_{a;\text{diss}} \qquad (3.59)$$

式中,常数 $4V_a/S_a$ 通常称为平均自由行程。

5. 能量与响应

求解 SEA 模型中的功率平衡方程可得到每一子系统的模态能量或模态功率。分析中的最后一步是建立这些变量与子系统响应间的关系。对于结构子系统,空间平均均方速度是由动能计算而得。对于谐振,时域平均动能等于时域平均势能。因此,一个频段内的平均均方速度为

$$\langle v^2 \rangle_{x;t} = \frac{E}{M} \qquad (3.60)$$

式中,E 为频段内所有模态的总能量;M 为子系统的质量。对于声子系统,空间平均均方声压强可由势能计算得出:

$$\langle p^2 \rangle_{x;t} = \frac{E}{C_a} \qquad (3.61)$$

对于由刚性墙包围的声空间,C_a 为子系统的塑性模量,即 $V/(\rho c^2)$。

6. 方差

SEA 法可提供子系统响应的统计说明。然而,在很多案例中,SEA 法仅用来获得对平均值的估计。尽管平均值为响应提供了"最佳评估",但这种评估明显区别于对动力学系统中单独一个构件进行测量所得的响应。响应的方差或

标准差为 SEA 法中量化置信区间提供了一种方法。当方差大时，置信区间大，且平均值不能对响应进行准确的评估。

在设计中应用 SEA 法需建立响应预示的置信区间，因此可将区间上限或"最差案例"评估与设计需求相比较。若将平均响应用于设计中，则产生的半数结果将无法满足设计需求。将平均值加上两倍的标准差（方差的平方根）可为响应预示提供合理的上限。预测 SEA 预示结果方差的方法还不完善，常会使用方差或置信区间的经验估计来预测 SEA 预示结果的方差。使用基于模态重叠数分析带宽的评估时，模态重叠数 $M_{overlap}$ 是单个模态的平均阻尼带宽与共振频率间的平均间隔之间的比例。根据阻尼损耗因子和模态密度，该参量可写为

$$M_{overlap} = \frac{\pi}{2} \omega \eta_d n(\omega) \tag{3.62}$$

式中，η_d 为子系统有效总阻尼损耗因子。较大的模态重叠参量与分析频段的乘积能产生较低的方差和较窄的置信区间，在这种情况下，平均值可以对响应进行很好的评估。小的乘积将产生大方差和大的置信区间，在这种情况下，平均值不能对响应进行很好的评估，且必须确定方差以便获得预示的上限。

SEA 法分析中无法包括方差评估，导致对 SEA 法的能力产生误解。首先，SEA 法并不局限于高频和高模态密度。然而，对低频和低模态密度，SEA 法预示的置信区间大，因此必须对方差进行评估。其次，SEA 法并不局限于宽带噪声分析。然而，对单频或窄带分析，SEA 法预示的置信区间要大于 1/3 倍频程或倍频程的置信区间。

3.2.3　有限元法

有限元法（FEM）最广泛地应用于低频动载荷（一般小于 50Hz）下的结构响应预示，如 3.1 节详述。若有限元模型具有充足的自由度，则能用于预示声压力或脉动压力产生的结构振动响应，其分析频率可达到第 50 阶正交模态的频率，甚至是更高的频率。与 SEA 法相似，FEM 能够用于预示结构上一点的振动响应，该响应是由另一点上的动载荷（结构振动）引起的，或是用于预示由作用在结构上的压力载荷产生的结构响应。对随机压力场的激励，由 FEM 建模的结构上任意向量位置 x 处的振动响应自谱可应用模型中 q 个节点的离散输入得出

$$G_\tau(\underline{x}, f) = \sum_{i=1}^{q} \sum_{k=1}^{q} H_{i\underline{x}}^* (f) \frac{A_x}{A_i} H_{k\underline{x}}(f) \frac{A_x}{A_k} G_{ik}(f) \qquad (3.63)$$

式中，$H_{i\underline{x}}(f)$ 为第 i 个输入与响应位置间的频响函数；$H_{k\underline{x}}(f)$ 为第 k 个输入与响应位置间的频响函数；$G_{ik}(f)$ 为第 i 个与第 k 个输入位置间的互谱；A_x 为响应位置处的节点面积；A_i 为第 i 个输入位置处的节点面积；A_k 为第 k 个输入位置处的节点面积；$*$ 为复共轭。

方程(3.63)中的互谱项表示作用在结构表面的压力场空间互谱的离散形式，2.4 节至 2.6 节已有详述。

假设必要的压力场和结构的数据已知，且有限元模型具有充足的自由度数(见 3.1 节)，则如方程(3.63)的详解，应用 FEM 来预示压力场产生的结构响应的优点是该技术能提供合理精确的结果，即同时为频率和空间位置的一个函数。该技术的主要不足介绍如下：

(1)算法中需要结构表面由振动产生的结构表面压力场的空间互谱的准确信息。该互谱的信息经常为粗略近似(见 2.4～2.6 节)。

(2)当频率高于建模结构的第 50 阶正交模态时，有限元模型的精度逐步下降。对于大型航天器，相当于频率小于 100Hz。然而，对 3.2.1 节中讨论的经典正交模态分析算法，由确定单个振型和频率时的不精确度产生的误差能够通过结构上不同位置处振动预示的空间和时间的平均进行抑制。

3.2.4　外推法

对很多航天器项目而言，多年来均获取和分析了大量的高频振动数据，既有实验室阶段试验数据，也有飞行阶段实测数据。即使数据是针对完全不同的航天器设计和飞行条件的，至少可以通过已有的不同设计的航天器(通常称为参考航天器)的测量进行外推，从而对新研航天器的振动响应预示进行粗略的评估。当然，新研航天器与参考航天器的设计细节越接近，外推值也就越准确。当新研航天器与参考航天器上的振动均是由同一发射或飞行事件引起的，如发射时声噪声引起的振动，则将会获得最精确的外推值。

高频振动响应的外推算法一般包含两个主要的标定运算，即振动源量级的标定和结构的面密度的标定[26]。对圆柱形航天器，在某些案例中需实现航天器直径的标定。基于这些先前的研究和最新的工程经验，建议按下述方法对振动源量级和结构面密度进行标定。

(1)令 $G_r(f)$ 和 $G_n(f)$ 分别表示参考航天器和新研航天器上的高频振动响

应自谱。从基准航天器到新研航天器振动源量级所有频率下的自谱可标定为

$$G_n(f) = \frac{G_{pn}(f)}{G_{pr}(f)} G_r(f) \tag{3.64}$$

式中,$G_{pr}(f)$和$G_{pn}(f)$分别为参考航天器和新研航天器上的结构外部压力激励的自谱。

(2)令$G_r(f)$和$G_n(f)$分别表示参考航天器和新研航天器上的高频振动响应自谱,从基准航天器到新研航天器结构面密度在所有频率下的自谱可标定为

$$G_n(f) = \frac{w_r^2}{w_n^2} G_r(f) \tag{3.65}$$

式中,w_r和w_n分别为参考航天器和新研航天器上的结构表面质量密度。通过确定包括安装设备在内的单位为 kg 的总质量和对关注结构面积将总质量与单位为 m² 的表面积相除来计算表面质量密度。

(3)对圆柱形航天器结构的预示,f_r和f_n分别表示参考航天器和新研航天器上的高频振动响应自谱对应的频率轴上的值。从基准航天器到新研航天器对应直径的频率轴可标定为

$$f_n = \frac{D_r}{D_n} f_r \tag{3.66}$$

式中,D_r和D_n分别为参考航天器和新研航天器的直径。

例如,假设在参考航天器发射时,测量式计算关注位置的振动数据,如下所示:

(1)当频率 $f_r = 100\mathrm{Hz}$ 时,结构振动响应的自谱为 $G_r(f) = 0.04g^2/\mathrm{Hz}$;

(2)当频率 $f_r = 100\mathrm{Hz}$ 时,结构振动响应区域内结构外部的声压水平为 $G_{pr}(f) = 100\mathrm{Pa}^2/\mathrm{Hz}$;

(3)振动响应区域内结构的平均表面质量密度为 $w_r = 16\mathrm{kg/m}^2$;

(4)航天器为直径 $D_r = 10\mathrm{m}$ 的圆柱形结构。

另外,假设这些数据用于发射时在相似结构的位置上预示新研航天器的振动响应,其中以下的预示或运算中应用了:

(1)当频率 $f_n = 125\mathrm{Hz}$ 时,振动响应区域内结构外部的声压水平为 $G_{pn}(f) = 200\mathrm{Pa}^2/\mathrm{Hz}$;

(2)振动响应区域内结构的平均表面质量密度为 $w_n = 20\mathrm{kg/m}^2$;

(3)该航天器结构为圆柱形结构,直径 $D_r = 8\mathrm{m}$。

由方程(3.64)可知,外部声压的区别使得从参考航天器上测得的振动响应

自谱标定为 $G_n(f)=200/100\times0.04=0.080g^2/\text{Hz}$。由方程(3.65)可知,面密度的区别使得从参考航天器上测得的振动响应自谱可标定为 $G_n(f)=(16/20)^2\times0.080=0.051g^2/\text{Hz}$。最后,由方程(3.66)可知,直径的区别使得从参考航天器上测得的振动响应自谱对应的频率值 $f_r=100\text{Hz}$ 可标定为 $f_n=10/8\times100=125\text{Hz}$。因此,发射时在选定位置的新研航天器的预示振动响应是当 $f_n=125\text{Hz}$ 时,$G_n(f)=0.051g^2/\text{Hz}$。

如方程(3.64)~方程(3.66)中的详解,运用外推法从结构响应预示到压力场的优点是该技术能够简便地应用到所有的频率上,包括高于 100Hz 的频率,即经典正交模态分析和 FEM 失效时的频率,换言之,该技术无须激励或结构的细节描述。算法的主要不足如下所示:

(1)只有当振动预示的位置满足新研航天器上的结构设计的位置与参考航天器上的相似,如振动响应垂直于圆柱形结构的表面,算法才能给出可接受的精确结果。

(2)只有当新研航天器的激励压力场与参考航天器上的激励压力场表示同一飞行事件时,如两者同时表示发射时的声噪声激励或具有最大动压飞行时边界层的压力脉动,算法才能给出可接受的精确结果。

应该说一般外推值曲线都是由多年来研究者通过方程(3.64)~方程(3.66)中的标定法将来源于不同参考航天器的大量的航天器振动数据结合形成单独一条标准化曲线而得到的[26,27]。用于声噪声作用下的圆柱形航天器上一条最早的一般外推值曲线如图 3.3 所示,该曲线采用适当的转换方法转换对数坐标。注意图 3.3 中的预示值为带宽等于声激励所用带宽(经常为 1/3 倍频程)的径向方向(垂直于结构表面),单位为 dB(参考:$1g_{rms}$)的加速度响应。此外,预测值在 6dB 范围内的波动显示了预测的粗略性。一般外推值曲线应用简便,但在多数案例中,它并不能从一个具体并进行适当筛选的参考航天器中得出外推值的精度。

为说明图 3.3 的用法,假设新研航天器的数据与前述说明一致。对于频率为 125Hz、直径为 8m 的新研航天器,图 3.3 中,沿横坐标的期望值 $125\times8=1000\text{Hz}\cdot\text{m}$,纵坐标值为 $-115\sim-109\text{dB}$。假设中心频率为 125Hz 的 1/3 倍频程内的声压水平为 135dB,加速度量级为 $-6\sim0\text{dB}$,则中心频率为 125Hz 的 1/3 倍频程内的振动环境为 $0.5g_{rms}\sim1g_{rms}$。

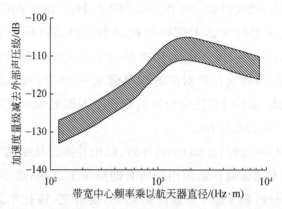

图 3.3　发射噪声产生的圆柱形航天器径向振动响应

3.2.5　直接测量法

在航天器选定位置上的高频振动响应的直接测量至少在航天器的首次飞行中和(或)首次飞行前整体组装航天器完成时的实验室声测试中得以实现。

1. 飞行中的振动测量

与 2.4 节和 2.5 节中讨论的外部压强测试不同,在不破坏飞行器结构的前提下在飞行器上安装振动传感器相对容易。对可展开式飞行器,获取直接测量飞行振动数据最主要的约束就是需用射频信道完成地面站的数据遥测。飞行振动测量能有效地验证和更新预飞行的振动预示,但很明显对最初设计的构想和飞行器的试验准则测量过于滞后。

2. 实验室声试验中的振动测量

在首次飞行前,很多航天器都要经受实验室声测试,此时航天器的状态要么是整体组装全部完成的航天器,要么是安装了质量模拟件的航天器结构。尽管质量模拟件的刚度和阻尼与飞行部件相比存在差异并会影响测量精度,实验室声试验中的直接振动测量仍旧能够反映飞行器结构中元件的质量载荷效应。此外,测量精度受限于谱的误差及和声试验的空间相关性误差(见 2.4 节),即考虑飞行时航天器结构外表面气动流产生的脉动压力水平与实际声试验的空间相关性误差(见 2.5 节)。对于直接测量,实验室声测试中的振动测量能有效地验证和更新预飞行的振动预示,但很明显对最初设计的构想和飞行器的试验准则测量过于滞后。

3.2.6　评估

各类高频振动预示方法的特点在表 3.3 中进行了概述。外推法和(或)SEA 法为初样设计提供了最好的方法,但在频率低于第 50 阶正交模态时,其他方法却能得出更准确的结果。

表 3.3　各类高频振动预示方法优缺点汇总

特点	经典正交模态分析法	SEA 法	FEM	外推法	飞行测量法	声试验测量法
相对易实现	否	否	否	是	否	是
适用于频率达到 2kHz 时	否	是	有时	是	是	是
适用于初样设计	否	是	否	是	否	否
适用于飞行器首次发射前	是	是	是	是	否	是
适用于激进的新型飞行器设计	是	是	是	否	是	是

3.3　高频瞬态响应

航天器结构的高频瞬态响应(如瞬态响应超过 100Hz)主要是由于火工装置的工作产生的频率可高达 1MHz 的结构响应,根据 2.8 节的详细讨论,爆炸源载荷的预示是一个复杂的问题。也正是由于爆炸源载荷频率非常高这一特征,经典正则模态分析和 FEM 都不能有效地预示火工载荷作用下的结构响应。因此,火工装置引起的结构响应(通常称为火工冲击)的预示通常采用如下方法完成:分析模型法、经验模型法、统计能量分析法、外推法、直接测量法。火工冲击预示方法都是以冲击响应谱(SRS)的形式开展的,详见 2.2.10 节。需要注意的是,NASA 已经发布了火工冲击试验的相关标准,见文献[28]。

3.3.1　分析模型法

到目前为止,已经产生了各种各样的分析模型区预示(至少是粗略预示),受某种瞬态激励影响的航天器结构的响应,最近某种计算机分析模型程序(Hydrocode)可以在时域内模拟爆炸过程、推进器点火和燃烧过程,用拉格朗日和欧拉网格模拟非线性结构变形和分离过程,还可以模拟结构波的产生和传播等。但 Hydrocode 程序的使用代价通常很高,而且精确度也很有限。Hydrocode 火工冲击预示方法详见文献[29]～[31]。

3.3.2　经验模型法

经验模型法常利用各类火工冲击源的已有相关数据,以及衰减率与距离数据之间的关系。预示方法如下[32]:

(1)确定每一个爆炸源及其与每个部件位置的关系。

(2)建立每个爆炸源的冲击响应谱。

(3)计算每个爆炸源和部件的距离衰减。

(4)计算每个爆炸源和部件之间传递路径上每个连接点的额外衰减。

(5)运用(2)～(4)的数据,计算每个爆炸源对每个部件位置处的衰减后的冲击响应谱。

(6)在定义的结构区域内的所有部件位置,按第 4 章描述的方法确定最大期望飞行环境。

(7)将 6.3.2 节的近似估计应用到最大期望飞行环境中,就可得到试验冲击响应谱。

图 3.4 为各种点源的冲击响应谱汇总图,这些数据是从距离冲击源 0.10～0.13m 处测量所得。图 3.5 给出了冲击源距离与冲击响应谱的衰减数据[32]。在文献[32]中,这些由连接点引起的冲击响应谱的额外衰减为:①每个节点引起 SRS 峰值衰减 40%,最多三个连接点;②SRS 的上升部分的斜率没有衰减。

预示高频瞬态响应的经验模型法的主要优点在于,应用简单,不需要详细的结构单元信息,只要适当的冲击源数据可用即可。其主要缺点描述为:

(1)该方法需要各种火工冲击源的近场或中场冲击响应谱,目前仅有特定的冲击点源的可靠数据,见图 3.4。

(2)该方法的预示精度非常有限,例如,在某些频段内预示误差可能是成量级的。另外,任何经验模型的预示结果应该在获取相关直接测量数据后进行校验(详见 3.3.5 节)。

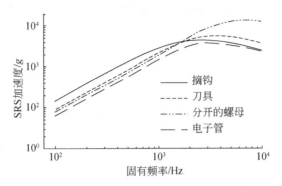

图 3.4 各种火工冲击点源的冲击响应谱

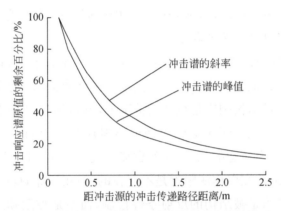

图 3.5 冲击响应谱与火工冲击源距离之间的关系

3.3.3 统计能量分析法

1. 瞬态 SEA 法

尽管 SEA 法常用于预示稳态振动响应(详见 3.2.2 节),但相似的方法也可用于预示瞬态响应[33-35]。在瞬态 SEA 法中,广义稳态能量平衡方程

$$\Pi_{in}(t) = \Pi_{dissipate}(t) + \Pi_{out}(t) \tag{3.67}$$

被如下相应瞬态方程替代:

$$\Pi_{in}(t) = \Pi_{dissipate}(t) + \Pi_{out}(t) + \frac{dE(t)}{dt} \tag{3.68}$$

式中,假定功率和子系统能量均为依赖于时间的函数,$E(t)$ 代表了模态的动能,在稳态条件下 $dE(t)/dt = 0$。

同样，稳态 SEA 矩阵方程(2.37)由相应瞬态 SEA 矩阵方程代替：

$$
\begin{bmatrix}
\eta_1 + \sum_{i=1}^{k}\eta_{1i} & -\eta_{21} & \cdots & -\eta_{k1} \\
-\eta_{12} & 2+\sum_{i=2}^{k}\eta_{2i} & \cdots & -\eta_{k2} \\
\vdots & \vdots & & \vdots \\
-\eta_{1k} & -\eta_{2k} & \cdots & \eta_k+\sum_{i=k}^{k}\eta_{ki}
\end{bmatrix}
\begin{bmatrix}
E_1(t) \\ E_2(t) \\ \vdots \\ E_k(t)
\end{bmatrix}(2\pi f)+
\begin{bmatrix}
\dfrac{dE_1(t)}{dt} \\ \dfrac{dE_2(t)}{dt} \\ \vdots \\ \dfrac{dE_k(t)}{dt}
\end{bmatrix}=
\begin{bmatrix}
\varPi_1(t) \\ \varPi_2(t) \\ \vdots \\ \varPi_k(t)
\end{bmatrix}
$$

$$(3.69)$$

式中，符号定义同方程(2.37)，方程(3.69)中的阻尼函数和耦合损耗因子的系数与稳态值相等(见 2.6.2 节和 3.2.2 节)。

不管是稳态还是瞬态，SEA 都是线性分析。因此，当输入能量包含非线性过程时，就必须用其他方法来评估输入能量和接近能量源的结构响应。在距离爆炸源激励位置，且结构响应是线性的情况下，瞬态 SEA 法在预测高频瞬态响应时非常有用。将瞬态 SEA 法应用到远离爆炸源区域的另一个原因是 SEA 法假定响应至少是准稳态的，那么这就意味着衰减时间要比感兴趣频段内振动周期长。这样的条件在爆炸源附近是不存在的，但在爆炸源较远的地方是存在的，那里响应更多的是被结构的反射条件控制，而不是被激励产生的初始压力波的时间历程控制。

由于导数项的存在，瞬态 SEA 方程比稳态方程的求解过程更复杂，但是 TRANSTAR(瞬态分析、存储和修正)软件[36] 已经可以求解此类问题，并可以得到响应时间历程的上限和冲击响应谱。

用于预示高频瞬态响应的瞬态 SEA 法的主要优势在于如果运用熟练，在没有详细的结构单元信息的情况下也可得到合理精确的结果，但主要缺点如下：

(1)仅能用于远场瞬态响应预示。

(2)要求评估各种结构和耦合损耗因子，这些往往仅能粗略估计。

(3)仅能预示一定频段内(通常是 1/3 倍频程带宽)的空间平均瞬态响应。

(4)不能应用于一定频段内(通常是 1/3 倍频程带宽)的共振数少于两三个模态的较低的频段。

2. 虚拟模态综合与仿真

另外一种高频瞬态响应分析方法是虚拟模态综合与仿真（VMSS）方法[34,35]。尽管 VMSS 的方程中应用到一些 SEA 法的基本原理，但是 VMSS 方法不是方程(3.68)描述的直接 SEA 瞬态响应方法。

VMSS 方法首先评估稳态频率响应模的包络，例如，由于其他位置的正弦激励作用而在指定位置产生的正弦响应峰值，并在指定频段内绘制出包络图。频率响应的源既可以通过求解方程(3.69)的稳态 SEA 得到，还可以通过求解方程(3.63)的有限单元得到，或者由试验直接测量得到。高频段内，假定频率响应包络可以表示为振动模态集的峰值响应。这种虚拟模态动力系统的本征方程是由方程(3.37)给出的经典正交模态方程。为了模拟时域响应，需要在数值上将动力系统与测量得到的或方程得到的瞬态激励力进行卷积操作。本征方程是正交模态形式，因此也包含了测量或模拟的低频模态，这样就可以分析整个响应段内的响应。

VMSS 正交模态方程为

$$[I]\{\ddot{\xi}\} + 2\zeta\{\dot{\xi}\} + \omega^2\{\xi\} = [\phi]^{\mathrm{T}}\{F\} \tag{3.70}$$

其中，$[\phi]$ 为虚拟模态振型，每一列表示一个频率的振型（每一行表示一个物理自由度）；$\{F\}$ 为施加的载荷；$[I]$ 为单位矩阵；$\{\xi\}$ 为虚拟模态响应的模态坐标系。

第 i 阶响应自由度和第 k 阶载荷自由度的频率响应函数（FRF）可近似表示为

$$|H(\Omega)_{ik}| = \sum_{m=1}^{N} \frac{\phi_{im}\phi_{km}}{\left[(\omega_m^2 - \Omega^2)^2 + (2\zeta_m\omega_m\Omega)^2\right]^{0.5}} \tag{3.71}$$

式中，N 是响应子结构的振动模态数，为了方便，FRF 的模表示为

$$|H(\Omega)_{ik}| = \{\Phi\}^{\mathrm{T}}\{\Lambda\} \tag{3.72}$$

式中

$$\{\Phi\} = \begin{Bmatrix} \phi_{i1}\phi_{k1} \\ \phi_{i2}\phi_{k2} \\ \vdots \\ \phi_{iN}\phi_{kN} \end{Bmatrix}, \quad \{\Lambda\} = \begin{Bmatrix} \left[(\omega_1^2 - \Omega^2)^2 + (2\xi_1\omega_1\Omega)^2\right]^{-1/2} \\ \left[(\omega_2^2 - \Omega^2)^2 + (2\xi_2\omega_2\Omega)^2\right]^{-1/2} \\ \vdots \\ \left[(\omega_N^2 - \Omega^2)^2 + (2\xi_N\omega_N\Omega)^2\right]^{-1/2} \end{Bmatrix} \tag{3.73}$$

在进行虚拟模态的综合时，通过稳态方法得到 FRF 的模，并放到列向量

$\{H\}$ 中，向量的每个元素表示假定虚拟模态频率的 FRF 值。使列向量元素与方程(3.72)相等，可得到如下矩阵形式：

$$\{\mid H\mid\}_{jk}=[\Lambda]^{\mathrm{T}}\{\Phi\}_{jk} \tag{3.74}$$

式中

$$[\Lambda]=[\{\Lambda(\Omega_1)\}\vdots\{\Lambda(\Omega_2)\}\vdots\cdots\vdots\{\Lambda(\Omega_J)\}] \tag{3.75}$$

虚拟模态可由式(3.76)得到

$$\{\Phi\}_{jk}=([\Lambda]^{\mathrm{T}})^{-1}\{\mid H\mid\}_{jk} \tag{3.76}$$

综合这些系数，就可对方程(3.70)和方程(3.73)给定的本征方程进行时间求解。

与瞬态 SEA 法相比，VMSS 法有如下优点：

(1)不要求激励是准稳态的。

(2)如果结构线性很好，可估计近场响应。

(3)可获得时域解(不仅只获得响应的峰值)。

(4)可获得冲击响应谱(不仅只获得保罗的估计值)。

3.3.4　外推法

多年来，许多航天器项目获得了大量的地面试验和飞行试验火工品冲击数据，这些数据涵盖许多不同的航天器设计和不同的火工装置。因此，用过去相似设计的航天器(即参考航天器)的测量值可以粗略估计新研航天器的火工冲击量级。当然，参考航天器和新研航天器的设计细节越接近，外推精度就越高，如果采用的是相同类型的火工装置，其精度会更高。

火工冲击环境的外推法通常包括两个基本比例缩放操作：①火工装置释放的总能量的比例确定；②火工装置源和关心的响应点的距离比例确定。有时，也会对结构的面密度这一因素进行比例缩放，但是由于面密度对火工装置产生的强烈压缩波影响较小，造成用面密度的外推法对火工冲击环境的预示往往无效。

1. 激励能量的比例缩放

假定 E_r 和 E_n 分别表示参考航天器和新研航天器上火工装置总的爆炸释放能，那么由参考航天器到新研航天器的所有频率的冲击响应谱缩放关系可写为

$$\mathrm{SRS}_n(D_1)=\mathrm{SRS}_r(D_1)\sqrt{\frac{E_n}{E_r}} \tag{3.77}$$

式中,SRS_r 和 SRS_n 分别表示距离爆炸源 D_1 位置处参考航天器和新研航天器的冲击响应谱。在应用方程(3.77)时应注意,在大多数情况下冲击源的能量超过为使结构分离而要求的能量,这些超出的能量将不能增强冲击的传播,而是产生一个传入结构附近空气或真空连接结构的冲击波。这种过量的能量在结构响应的产生上不是很有效,因此,当 $E_n > E_r$ 时,应用方程(3.77)预示的冲击环境比实际环境要大;当 $E_n < E_r$ 时,应用方程(3.77)预示的冲击环境比实际环境要小。

2. 激励源与响应点之间距离的比例缩放

近年来,学者提出了针对一些冲击源与感兴趣的位置距离修正冲击环境量级的经验公式[37]。图3.6所示的距离衰减曲线可用来估计离爆炸点不同距离的冲击响应谱值。另一类爆炸冲击通过不同结构传播的典型比例曲线[38],见图3.7。需要注意的是,图3.7适用于爆炸冲击响应的峰值,而不是冲击响应谱的峰值。

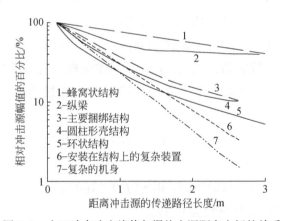

图 3.6 火工冲击响应峰值与爆炸点源距离之间的关系

文献[37]提到了另外一种复杂结构上点源产生的冲击响应谱的比例关系:

$$SRS(D_2) = SRS(D_1) \exp\left[-8 \times 10^{-4} f_n^{2.4} f_n^{-0.105} (D_2 - D_1)\right] \quad (3.78)$$

式中,D_1 和 D_2 分别为冲击源相对于参考位置和新位置的距离;$SRS(D_1)$ 和 $SRS(D_2)$ 分别为参考位置和新位置响应的冲击响应谱。方程(3.78)可以预示 SRS,因此结果是一个 SRS 关于频率的函数,对各种 $\Delta D = D_2 - D_1$,其结果如图3.7所示。

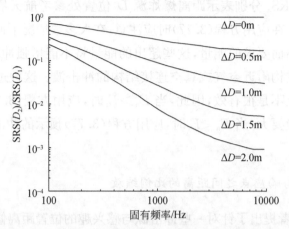

图 3.7　距离冲击点源的冲击响应谱的距离修正曲线

$\Delta D = D_2 - D_1$，当 ΔD 为负值时，纵坐标则变为 $SRS(D_1)/SRS(D_2)$

　　值得注意的是，方程(3.78)是通过海平面上复杂结构和点源产生的火工冲击数据获得的，而不能应用到其他爆炸源和空间结构。其他爆炸源缩比法则需进行与之类似的爆炸源和结构的试验检验。

　　最后还应注意火工冲击随距离的衰减，特别是通过结构连接点时冲击环境有明显的衰减。特别指出的是，文献[37]建议根据连接点类型和传播路径方式的不同，衰减范围取 20%～75% 不等，其他连接点衰减根据经验近似取值。

　　下面举例说明方程(3.77)和方程(3.78)，假设某参考航天器上某次爆炸过程中的火工冲击数据如下：

　　(1)当固有频率 $f_n = 1\text{kHz}$ 时，$SRS_r(f_n) = 10000g$。

　　(2)火工装置的爆炸材料为 0.1g。

　　(3)在距离爆炸点 $D_1 = 0.3\text{m}$ 处测量冲击值。

　　假定这些数据用于预示新研航天器的高频瞬态响应，结构位置和火工装置激励均与参考航天器相似，新研航天器结构数据如下：

　　(1)火工装置的爆炸材料为 0.2g。

　　(2)在距离火工装置 $D_2 = 0.8\text{m}$ 的地方测量响应。

　　通过方程(3.77)，假定火工装置的释放能与爆炸材料的重量成比例，新研航天器的 $SRS_r(f_n)_1 = 10000 \times (0.2/0.1)^{1/2} \approx 14000g$；通过方程(3.78)，新研航天器高频瞬态响应的 SRS 计算如下：

$$\mathrm{SRS_n}(f_n) \approx 14000\exp[-8\times10^{-4}\times1000^{2.4\times1000^{-0.105}}\times(0.8-0.3)]$$

$$\approx 4100g, \quad f_n = 1\mathrm{kHz} \tag{3.79}$$

用外推曲线或公式推导预示火工装置的高频瞬态响应的优点是该技术容易应用,其主要缺点如下:

(1)只有当预示位置处参考航天器和新研航天器的结构设计相似的情况下,其预示处理的精度才是可接受的,如安装在框架结构的设备。

(2)只有当参考航天器和新研航天器的爆炸载荷在同种类型火工装置引起的情况下,其预示处理的精度才是可接受的,如爆炸螺栓。

3.3.5　直接测量法

很多情况下,在航天器结构某些关键部位,由于火工品产生的高频瞬态响应可以直接测量,既有地面试验也有飞行试验。地面试验和飞行试验数据的测量和分析都应按照文献[39]描述的推荐方法进行。前面已提到,火工品的设计或选用通常使得其能量要超出使结构分离的能量。过量的能量一般能在大气或真空下的结构中产生冲击波或爆炸波,且波的振幅随能量和静压的增加而增大。然而,超出能量较小的情况下,分离过程决定了火工爆炸冲击环境。

1. 飞行状态测量

有时会按照同样的设计状态制造多个飞行器来执行多次飞行任务。在这种情况下,可以在首飞中测量并评估关键位置由于火工装置引起的结构响应。这种方法的优点是为后续飞行任务提供最精确的爆炸冲击环境预示。不足之处主要有:

(1)只能用于评估后续飞行的冲击环境,不能用来预示首飞飞行器及其部件的环境。

(2)飞行状态冲击环境测量比较昂贵。

2. 飞行前地面试验测量

有些火工装置在使用和更换时对结构不产生永久性损坏,如军械触发阀。在这种情况下,就可以在飞行前在实验室进行地面试验,以预示这些火工装置激发引起的某些关键位置处的冲击环境。这种方法的好处是精确预示特定飞行器飞行过程中的冲击量级,其缺点如下:

(1)允许进行爆炸冲击试验的火工装置的数量比较有限。

(2)更换火工装置比较昂贵。

3. 试验室原型飞行测量

一些飞行器研制过程中,在飞行试验之前利用飞行产品开展一系列试验,如冲击和振动试验。由于火工品工作时会对结构产生影响,一般在所有其他试验完成后才进行冲击测量。全尺寸(原型)试验具有如下优点:

(1)在飞行器飞行试验之前能提供较准确的火工冲击环境。

(2)在不影响结构完整性前提下能获得火工冲击环境。

(3)不需要重新调整飞行硬件的状态。

主要不足之处是,需要提供原型飞行产品开展试验。

4. 实验室相似动力状态学结构测量

如果没有可供各种试验测量的飞行产品,包括正弦试验和冲击试验,可以用结构相似的模型或者至少子结构比较相似的模型开展地面试验。用动力学特性相似的模型进行试验有如下好处:

(1)模型与真实航天器动力学相似程度决定冲击量级预示结果的可行度是否可以接受。

(2)得到不会危害飞行产品的结构完整性。

(3)不需要重新调整飞行硬件的状态。

不利之处是,必须提供动力学近似的模型,或者与前型号相近的模型可供试验。

3.3.6　评估

表 3.4 列举了各种高频瞬态(火工冲击)响应预示方法的优缺点。在初始设计阶段,采用经验模型法、外推法、SEA 法通常能得到最好的预示结果。在最终设计阶段,采用直接测量法(或许结合 SEA 法)会得到更精确的结果。

表 3.4　各种高频瞬态响应预示方法的优缺点汇总

特点	分析模型法	经验模型法	瞬态 SEA 法和 VMSS 法	外推法	飞行产品直接测量法	航天器原型飞行产品测量法	近似航天器地面测量法
容易实施	否	是	否	是	否	否	否
初始阶段可行	否	是	是	是	否	否	否

续表

特点	分析模型法	经验模型法	瞬态 SEA 法和 VMSS 法	外推法	飞行产品直接测量法	航天器原型飞行产品测量法	近似航天器地面测量法
首飞前可行	是	是	是	是	否	是	是
运用到新型号运载器的可行性	是	否	是	否	是	是	否

参 考 文 献

[1] Craig R R, Bampton C C. Coupling of substructures for dynamic analyses. AIAA Journal, 1968,6(7):1313-1319.

[2] Hurty W C. Dynamic analysis of structural systems using component modes. AIAA Journal, 1965,3(4):1152-1154.

[3] Benfield W A, Hruda R F. Vibration analysis of structures by component mode substitution. AIAA Journal,1971,9(7):1255-1261.

[4] MacNeal R H. A hybrid method of component mode synthesis. Computers and Structures, 1971,1:581-601.

[5] Rubin S. Improved component mode representation for structural dynamics analysis. AIAA Journal,1975,13(8):995-1006.

[6] Coppolino R N. Employment of Residual Mode Effects in Vehicle/Payload Dynamic Loads Analysis. NASA GP-2075. Washington DC:National Aeronautics and Space Administration,1978.

[7] Abramson H N. The Dynamic Behavior of Liquids in Moving Containers. NASA SP-106. Washington DC:National Aeronautics and Space Administration,1966.

[8] Coppolino R N. A Numerically Efficient Finite Element Hydroelastic Analysis. NASA CR-2662. Washington DC:National Aeronautics and Space Administration,1975.

[9] Kim M C, Williamson D R. A fluid-structure interaction formulation for fluids with free surface. The 6th AIAA/NASA/ISSMO Symposium on Multidisciplinary Analysis and Optimization,1996.

[10] Bathe K J. Finite Element Procedures in Engineering Analysis. Englewood Cliffs:Prentice-Hall,1982.

[11] Ewins D J. Modal Testing:Theory and Practice. New York:Wiley,1984.

[12] Hunt D L, Brillhart R D. Lessons learned from modal testing of aerospace structures. Journal of LES,1993,36(1):49-56.

[13] Chen J C. Comparison of results for the galileo modal test program. Proceedings of the 2nd International Modal Analysis Conference,1984.

[14] Hunt R L, Brillhart R D. Modal testing using multiple input random excitation. Proceedings

of the 9th International Modal Analysis Conference,1991.

[15] Tinker M L, Bookout P S. Measurement of Residual Flexibility for Substructures Having Prominent Flexible Interfaces. NASA TM-110074. Washington DC: National Aeronautics and Space Administration,1994.

[16] Admire J R, Tinker M L, Ivey E W. Residual flexibility test method for verification of constrained structural models. AIAA Journal,1994,32(1):170-175.

[17] Chapman J M. Incorporating a full damping matrix in the transient analysis of nonlinear structures. Proceedings of Damping,1993:1-17.

[18] Gordon D T. Combining Transient and Acoustic Loads, A Review of Approaches. Report TOR-93(3530)-14,1993.

[19] Broussinos P, Kabe A M. Multi-Mode Response Analysis Procedure. Report SSD-TR-90-53,1990.

[20] Mariem J B, Hamdl M A. A new boundary finite element method for fluid-structure interaction problems. International Journal for Numerical Methods in Engineering,1987,24: 1251-1267.

[21] Coyette J P, Wijker J J. The combined use of MSC/NASTRAN and SYSNOISE for evaluating the dynamic behavior of solar panels. MSC/NASTRAN European Users Conference,1993.

[22] Miskel J F. Fatigue-Based Random Vibration and Acoustic Test Specification [Master's thesis]. Cambridge: MIT,1994.

[23] Fleming E R. New and projected aeronautical and space systems, design concepts, and loads// Noor A K, Venneri S L. ASME Flight-Vehicle Materials, Structures, and Dynamics-Assessment and Future Directions. New York: ASME,1996.

[24] Pope L D, Wilby J F. Space Shuttle Payload Bay Acoustics Prediction Study. NASA CR-159956. Washington DC: National Aeronautics and Space Administration,1980.

[25] Manning J E. Statistical energy analysis—An overview of its development and engineering applications. Proceedings of the 59th Shock and Vibration Symposium,1988.

[26] Barnoski R L, Marshall G C. Summary of Random Vibration Prediction Procedures. NASA CR-1302. Washington DC: National Aeronautics and Space Administration,1969.

[27] Himelblau H, Fuller C M, Scharton T D. Assessment of Space Vehicle Aeroacoustic-Vibration Prediction, Design, and Testing. NASA CR-1596. Washington DC: National Aeronautics and Space Administration,1970.

[28] Anon. Pyroshock Test Criteria. NASA-STD-7003. Washington DC: National Aeronautics and Space Administration,1999.

[29] Hancock S, Davison D, Gordon J, et al. Numerical simulation of atlas-centaur stage-separation shaped charge firing and structural response. Shock Vibration Information Center

Shock Vibration Bulletin,1986,3(56):45-57.

[30] Goldstein S, Lu Y M, Wong T E. Importance of enhanced test data for computer modeling of explosive activated devices. The 31st AIAA/ASME/SAE/ASEE Joint Propulsion Conference and Exhibit,1995.

[31] Frey J D, Janicot F, Renard V, et al. Pyrotechnic separation of the VEB structure, shock propagation. Proceedings of Symposium European, Ariane-5 Structures & Technologies, 1993.

[32] Barrett S. The development of pyroshock test requirements for viking lander capsule components. Proceedings of 21st ATM Industry Environment Science,1975.

[33] Powell R E, Quartararo L R. Statistical energy analysis of transient vibration//Hsu K H, Nefske D J, Akay A. Statistical Energy Analysis. New York: ASME,1987.

[34] Pinnington R J, Lednick D. Transient energy flow between two coupled beams. Journal of Sound and Vibration,1996,189(2):265-287.

[35] Lai M L, Soom A. Prediction of transient vibration envelopes using statistical energy analysis techniques. Journal of Vibration and Acoustics-Transactions of ASME, 1990, 112(1):127-137.

[36] Singh A K. Shock environment prediction of isolated equipment by TRANSTAR SEA program. Proceeding of 39th ATM,1993.

[37] van Ert D L. Survey of pyroshock prediction methodology. IES Pyrotechnic Proceedings of 21st ATM Industry Environment Science,1985.

[38] Kacena W J, McGrath M B, Engelsgjerd I, et al. Aerospace Systems Pyrotechnic Shock Data. NASA CR-116437. Washington DC: National Aeronautics and Space Administration,1970.

[39] Himelblau H, Piersol A G, Wise J H, et al. Handbook for dynamic data acquisition and analysis. IES-RP-DTE012. 1. Jet Propulsion Laboratory,1966.

第 4 章　最大预期环境计算

在第 3 章中所详细描述的预示过程,通常可以给出结构上某一点的响应预示结果,或充其量给出了较小区域的响应预示。这些结果不一定能够反映设计和(或)试验条件中全部感兴趣点的响应情况,而且响应预示所使用的动力学载荷是通过计算、假定和测量给出的,这些载荷不能反映每次飞行之间潜在的差异。因此,有必要在预示振动量级的基础上增加一定的系数来得出一个"最大期望环境(maximum expected environment,MEE)",以便考虑上述的点与点之间(空间的)、不同在役飞行过程之间的差异,以保证预示结果相对于可能的飞行环境是保守的。最大期望环境通常以加速度等运动参数的谱的形式给出。然而,所有安装在运载器结构上的设备可能改变该结构的振动响应,特别是在设备的共振频率附近的振动响应。因此,为了准确地得出航天飞行器的设备的设计或振动试验规范,在设备的共振频率处必须对最大期望环境的量级进行修正。

下面介绍得到最大期望环境的方法和考虑设备载荷作用的最大期望环境的修正方法。更多细节可见文献[1]和[2]。

4.1　空间差异——点预示方法

空间差异——点预示方法一般用来预示结构对低频动态载荷(见 3.1 节)的响应,这些载荷通常能够在制定设计和(或)试验条件所关心的特定点上引起运动或在结构单元产生作用力。另外,用来预示结构对高频随机载荷响应的一些方法只能给出某一点运动的谱结果,如 3.2 节和 3.3 节讨论的外推法和直接测量法。某些情况下,可以得出设计或试验条件所感兴趣的点响应预示结果,如仪器设备在结构上的安装位置。但是,另外一些情况下,响应预示的位置与感兴趣点的位置不一致,即使位置一致,建模预示时通常不考虑对应点上安装的设备的影响或者测量时没有安装设备。因此,必须综合不同点的预示结果得到一个谱条件,它能够相对保守地给出一定结构区域内所有点的响应的量级范围,其中包括感兴趣点。这种方法要求把整个结构分成一系列区间,每个区间称为"域"。保守地给出的每个域内所有点的响应谱的范围,称为该域的"限"。

1. 域的定义

假设这里考虑的是载荷引起的大型结构(如火箭或大型有效载荷)上所有点的高频动力学响应,结构上不同点的响应之间一般存在较大差异。区域划分的目的是,把结构分成若干不同的区域,使每个域内所有点具有相对一致的结构响应。这样,每个域内所有点的响应量级可以用单一的谱规定,这个谱量级超过域内绝大部分或全部点的响应量级,而对任何一点的响应超出的裕量又不是很多。另外,还要求所选择的区域与制定设计或试验条件所关心的结构区间相一致。例如,如果最终目的是根据对安装在结构上的设备的振动输入量级来制定其试验条件,每个域至少包含一个或多个仪器设备的所有安装点。每个域不一定是连续的结构区间,也可以是不相邻的结构区间。例如,如果给定尺寸的支架的响应相近,无论安装在哪里,都把它们划分为一个区域。任何情况下,应该尽量减少整个运载器上用来描述载荷引起的动力学响应所划分的域的数量,以便减少运载器的仪器设备的试验谱条件的数量。

2. 域的确定

根据结构域内不同位置的预示响应,可以通过理论分析技术得到结构域内统计等效谱的结果[3]。但是,域的划分通常依赖于工程判断、工程经验或对预示谱的粗略估计。例如,工程判断表明,框架结构和蒙皮应划为不同的域,因为轻质的蒙皮结构的响应通常高于框架或加强肋。同样,经验证明,在上升段时,火箭尾部结构的响应通常高于前段结构区域,也就是说,即使火箭的前段和尾端结构相似,也应划分为不同的域。另外,结构表面法向的响应通常高于面内的响应,因此,这两个方向的响应应该划分到不同的域。除了上述工程考虑外,对响应的预示谱型的视觉检查法可以用来对具有相近谱值的区域进行分组,以得到合适的域。

3. 响应点的无偏选择

确定域限的所有方法都进行了如下假设:给定域的谱数据是在本区域内能够代表所有感兴趣点的位置上预示得到的。理论上,可以通过随机选择区域内所有可能的响应点来实现。事实上,动响应预示通常是在确定域之前完成的,因此随机抽样选取是不可行的。实践中,正如上面讨论的一样,预示的响应的谱经常用于域的确定。但是,某些情况下的预示是在仪器设备的安装点上进行的。如果最终目的是制定那些设备的试验条件,即使这些安装点可能不能表征域内的所有点的响应情况,也可以作为很合适的响应点来选择。任何情况下,重要的是对可用的预示谱所代表的位置进行评估,以确保它们能够代表域内所有感兴趣的点。

4. 与响应相关术语的定义

为了简化后续的讨论,定义如下术语:

x 表示感兴趣的域内任意一点上载荷引起的高频动力学结构响应的谱。谱可以是自谱(单位:g^2/Hz)、能量谱(单位:$g^2\text{-}s/Hz$)、线性谱(单位:g)或冲击响应谱(单位:g),谱的形式取决于动力学环境的本质和谱分析所用的方法,见1.2节。

x_i 表示感兴趣的域内第 i 点上($i=1,2,\cdots,n$)载荷引起的高频动力学结构响应的谱。这里所用到的对 x_i 的预示包括,在已经飞行过的火箭上对感兴趣的结构直接测量得到的结果。

x_{ij} 表示载荷在感兴趣的域内第 i 点上($i=1,2,\cdots,n$)引起的高频动力学结构响应在第 j($j=1,2,\cdots,m$)个频率分辨率带宽内的谱值。

x_{hj} 表示载荷在感兴趣的域内 n 个点上引起的高频动力学结构响应在第 j($j=1,2,\cdots,m$)个频率分辨率带宽内的谱的最大值,即 x_{hj} 为 x_{ij}($i=1,2,\cdots,n$)的最大值。

4.1.1 包络限

获得一个域内所有点的响应谱值极限的通用方法是,把给定域内的 n 个点上的预示谱值 x_{ij}($i=1,2,\cdots,n$)罗列起来,然后选择并画出每个分辨率带宽内(共 m 个)的最大谱值。这样给出的包络是未经过光滑处理的。为了简单,通常用一系列的直线段进行光滑,一般直线段的总数不超过 7 段,且线段的斜率一般为 0、$\pm3dB/oct$ 或 $\pm6dB/oct$。图 4.1 说明了用自谱的极大值方法计算未光滑和光滑的包络结果,包络数据为大型火箭上某选定结构域上分布的 12 个不同点上起飞振动测量结果,其中每个谱是以 1/6 oct 的频率分辨率带宽计算的。

包络限方法的优点是简单易行,缺点主要包含如下几点:

(1)无法提供在给定频率上的包络超过其他位置的响应的具体概率,即包络本身无法定量评估包络限的不确定性。但是,如果所预示的谱的数量足够大(如 $n \geqslant 14$),通过计算第 4.1.3 节中所说的无分布误差可以弥补这个缺陷。

(2)不同频率分辨率下预示的谱结果有所差异,也就是说,以窄带宽预示得到的谱峰值明显高于以 1/3 oct 带宽预示的结果(见 4.2.1 节)。

包络限方法和其他方法还存在一个最大的问题,具体说就是,在利用直线段对包络进行平滑处理时,所采用的直线段的数量通常存在一定主观性,并且判断是包络所有谱峰值还是裁掉部分时也是这样,对于相同的数据,两个经验丰富的工程师可能得出明显不同的平滑后的包络限。

这个问题主要表现在,对包络进行平滑过程中,用一定的方法确定哪些峰值应该完全覆盖或部分削掉。例如,一个通用的准则是,所有窄带谱峰值应该削掉 3dB;另外一个更严格的准则是,带宽小于 5%中心频率的谱峰值应削到带宽为 5%中心频率的谱峰值。最好的方法可能是以与频率成比例的分辨率带宽计算所有谱值(如 1/6 oct 带宽),然后无削减地完全包络所有峰值。图 4.1中就使用了这种方法。任何情况下,用包络后的谱数据制定设计或试验条件时,还应服从 4.5 节所详细讨论的特殊限制。

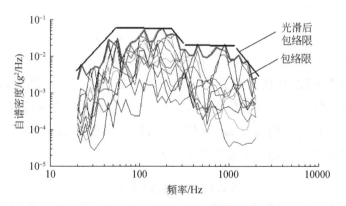

图 4.1　同一域内的 12 个振动测量谱的包络

4.1.2　正态容差限

用更可靠的方法可以得到一个域内结构响应谱值相对稳健极限,即计算每个分辨率带宽内预示谱的正态容差限(normal tolerance limits)。正态容差限仅适用于正态分布的随机量。稳态、非稳态及瞬态动态载荷引起的结构响应,在空间上引起的差异一般为非正态分布。但是,大量的经验表明[4-6],描述航天器不同点之间结构响应的各种运动参数的谱值近似为对数正态分布,也就是说,在指定的频率分辨率带宽内,结构响应谱值在空间上的分布满足对数正态分布。因此,简单地进行对数变换,即

$$y = \lg x \tag{4.1}$$

就可计算出变换后的预示结果的正态容差限 $y_{ij}(i=1,2,\cdots,n;j=1,2,\cdots,m)$。

y 的单边正态容差限(即上界)标记为 $NTL_y(n,\beta,\gamma)$,其表示在置信度为 γ 的条件下,由它定义的 y 值超过 y 所有可能值的概率为 β,则有

$$NTL_y(n,\beta,\gamma) = \bar{y} + k_{n,\beta,\gamma} s_y \tag{4.2}$$

式中,$\bar{y}$ 为样本均值;s_y 为 y 的标准偏差,两者按如下公式给出:

$$\bar{y} = \frac{1}{n}\sum_{i=1}^{n} y_i, \quad s_y = \sqrt{\frac{1}{n-1}\sum_{i=1}^{n}(y_i - \bar{y})^2} \tag{4.3}$$

未经变换的原工程单位的正态容差限可以表示为

$$NTL_x(n,\beta,\gamma) = 10^{NTL_y(n,\beta,\gamma)} \tag{4.4}$$

式(4.2)中的 $k_{n,\beta,\gamma}$ 项称为正态容差系数,它是一个列表值。表 4.1 是从文献[7]和[10]中摘录的给定 n、β 和 γ 值对应的 $k_{n,\beta,\gamma}$ 值的列表。由表 4.1 注意到,当 $n=\infty$ 时,有

$$NTL_y(\beta) = \mu_y + z_\alpha \sigma_y, \quad \alpha = 1-\beta \tag{4.5}$$

式中,μ_y 和 σ_y 分别是 y 的真实均值和真实标准偏差;z_α 是 $\alpha = 1-\beta$ 对应的标准正态分布的百分比,在任何有关统计的课本中都给出了它的列表,如文献[8]。理想情况下,式(4.5)中的置信度为 100%,且与 α 无关。式(4.5)有时可以简单替代式(4.2),只是分别用 μ_y、σ_y 取代 $\bar{y}$、s_y,但只有样本数 $n>50$ 才能这样做。关于正态容差限应用的进一步讨论见文献[7]。

表 4.1　正态容差系数 $k_{n,\beta,\gamma}$

n	$\gamma = 0.50$			$\gamma = 0.75$			$\gamma = 0.90$		
	$\beta=0.90$	$\beta=0.95$	$\beta=0.99$	$\beta=0.90$	$\beta=0.95$	$\beta=0.99$	$\beta=0.90$	$\beta=0.95$	$\beta=0.99$
3	1.50	1.94	2.76	2.50	3.15	4.40	4.26	5.31	7.34
4	1.42	1.83	2.60	2.13	2.68	3.73	3.19	3.96	5.44
5	1.38	1.78	2.53	1.96	2.46	3.42	2.74	3.40	4.67

n	$\gamma=0.50$			$\gamma=0.75$			$\gamma=0.90$		
	$\beta=0.90$	$\beta=0.95$	$\beta=0.99$	$\beta=0.90$	$\beta=0.95$	$\beta=0.99$	$\beta=0.90$	$\beta=0.95$	$\beta=0.99$
6	1.36	1.75	2.48	1.86	2.34	3.24	2.49	3.09	4.24
7	1.35	1.73	2.46	1.79	2.25	3.13	2.33	2.89	3.97
8	1.34	1.72	2.44	1.74	2.19	3.04	2.22	2.76	3.78
9	1.33	1.71	2.42	1.70	2.14	2.98	2.13	2.65	3.64
10	1.32	1.70	2.41	1.67	2.10	2.93	2.06	2.57	3.53
12	1.32	1.69	2.40	1.62	2.05	2.85	1.97	2.45	3.37
14	1.31	1.68	2.39	1.59	2.01	2.80	1.90	2.36	3.26
16	1.31	1.68	2.38	1.57	1.98	2.76	1.84	2.30	3.17
18	1.30	1.67	2.37	1.54	1.95	2.72	1.80	2.25	3.11
20	1.30	1.67	2.37	1.53	1.93	2.70	1.76	2.21	3.05
25	1.30	1.67	2.36	1.50	1.90	2.65	1.70	2.13	2.95
30	1.29	1.66	2.35	1.48	1.87	2.61	1.66	2.08	2.88
35	1.29	1.66	2.35	1.46	1.85	2.59	1.62	2.04	2.83
40	1.29	1.66	2.35	1.44	1.83	2.57	1.60	2.01	2.79
50	1.29	1.65	2.34	1.43	1.81	2.54	1.56	1.96	2.74
∞	1.28	1.64	2.33	1.28	1.64	2.33	1.28	1.64	2.33

　　作为例子,图 4.2 给出了图 4.1 所用的数据在 $\beta=0.95$、$\gamma=0.5$ 时的正态容差限与频率的对应关系。这个容差限通常称为具有 50% 置信度的 95% 正态容差限,或简称为 95/50 限,可以理解为,这个限值超过一个域内 95% 的点的位置上的响应谱值的置信度是 50%。可以注意到,图 4.2 中的 95/50 限在所有频率上与 12 个测量数据包络相似,但是,β 和 γ 决定了它是大于还是小于包络结果。对正态容差限的计算结果,有时也利用一系列包络直线段来进行平滑处理,见图 4.2。当然,平滑过程同样存在 4.1.1 节包络限方法中所讨论的主观判断引起的问题。同样,用正态容差限制定设计或试验条件时,通常受到 4.5 节中描述的具体条件制约。

　　与 4.1.1 节讨论的包络限方法相比,正态容差限方法主要有如下三个优点:

　　(1)正态容差限有严格的统计意义,它提供限值使超过一个域内所有位置中的部分的比例 β 及其置信度 γ 都有明确的定义。

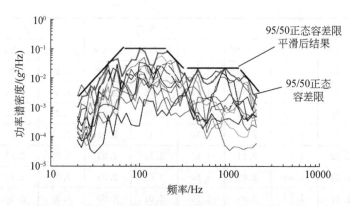

图 4.2　图 4.1 中的振动响应谱的 95/50 正态容差限

(2)只要独立给定 β 和 γ 的值,就可以求出任意数量的预示结果的正态容差限(n 为任意值),正态容差限不受预示谱值范围的限制。

(3)虽然预示谱的频率分辨率带宽对正态容差有一定影响,但是不如包络限方法对频率分辨率带宽敏感。

最后一个优点可以用如下事实来说明,正态容差限是在平均值(包括均值和标准偏差)的基础上计算的,是依次在每个频率分辨率带宽内对所有 n 个位置的预示谱值进行计算得到的。在谱峰值对应的频率处,预示谱值对频率分辨率带宽的灵敏度最高,即频率分辨率引起的误差最显著[9]。对于大多数频率,谱峰值只出现在部分位置上,而不是在所有位置上。因此,频率分辨率误差对样本均值和标准偏差的影响很小。相反,(如果采用包络限方法)多个预示谱的包络结果在绝大多数频率上是由某个位置的谱峰值决定的,因此,频率分辨率误差通常较大。

尽管有上面提到的一些优点,使用正态容差限仍存在潜在的问题。由于假设一个域内的结构响应谱值在空间上的分布满足对数正态分布,正态容差限结果对此假设比较敏感。当 β 和 γ 值较大时,这个假设可能出现问题。

最后要说明一点,图 4.2 给出了置信度系数 $\gamma=0.5$ 的计算限值,这个 γ 值是计算航天器试验量级时的通用值,详见 MIL-STD-1540C 和 NASA-STD-7001。但是,正态容差限可以在较高的置信度下计算,如 $\gamma=0.90$ 或 0.95。对于给定的 β 值,置信度系数对限值有显著影响。为了说明这一点,图 4.3 给出了 $\gamma=0.50$、0.90 和 0.95 时对图 4.1 中的 12 个测量数据计算的 95% 容差限结果。注意到,$\gamma=0.95$ 时的结果达到 $\gamma=0.50$ 时的 6 倍(即 7.8 dB)。为了与

MIL-STD-1540C 和 NASA-STD-7001 保持一致,除非有理由使用更保守的置信度系数,否则建议在置信度系数 $\gamma=0.50$ 条件下计算正态容差限。

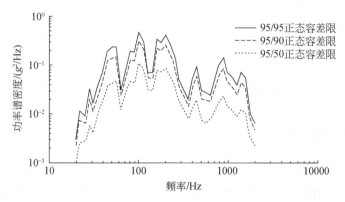

图 4.3　不同置信度系数条件下图 4.1 中的数据对应的正态容差限

4.1.3　无分布容差限

无分布容差限避免了采用正态容差限方法有关的主要问题,即正态容差限假设域内结构响应谱值在空间上的分布满足对数正态分布。取每个频率分辨率带宽(共 m 个)的最大值作为容差限的值,无分布容差限取消了上述假设。单边(上界)无分布容差限标记为 $\mathrm{DFL}_x(n,\beta,\gamma)$,它需要利用 4.1.1 节中描述的方法所确定的未平滑的包络结果。置信度为 γ 条件下,响应谱值 x 小于最大谱值 x_{hj} 的位置在所有位置所占的比例数 β 可以通过次序统计[10]确定

$$\mathrm{DFL}_x(n,\beta,\gamma)=x_{hj}, \quad \gamma=1-\beta^n \tag{4.6}$$

同 4.1.2 节对正态分布容差限的解释一样,无分布容差限 x_{hj} 是超过域内所有点中至少 β 部分点位置的响应谱值,且置信度为 γ 的谱值。例如,对图 4.1 中数据的未平滑包络表示的是,超过域内至少 95% 的点的响应谱值,且具有 46% 置信度的容差限。不光滑的包络通常采用一系列直线段进行平滑,如图 4.1 所示。这一步骤同样涉及 4.1.1 节包络限方法中所讨论的主观判断引起的问题。用无分布容差限制定设计/试验条件时,同样受到 4.5 节所描述的特殊限制。

与正态容差限相比,无分布容差限主要的优点是,它对域内响应谱值的空间分布不敏感,即是非参数的。但是,它也带来了正态容差限所没有的如下两个问题。

(1)这种方法不允许独立选择 β 和 γ。通常的做法是,根据需要选择一个比例数 β 值,然后由式(4.6)确定置信度系数 γ。但是,即使每个域内的响应谱的数量不同,条件制定者也通常希望对所有域都取统一的 β 和 γ 值。用无分布容差限方法不可能达到这一要求,它只是简单地量化了与 4.1.1 节的包络限方法对应的置信系数。

(2)同 4.1.1 节的包络限方法一样,对于不同频率分辨率下的预示谱,采用无分布容差限方法可能会产生不同的结果。

4.1.4　经验容差限

获得域内结构响应谱保守限值的第三种方法是,确定 n 个位置上的预示谱值的经验分布函数,然后从分布中选择一个较大的百分比 X_β 作为保守限值,其中,X_β 是超过可用数据的 β 部分的 x 值,这就是经验容差限。理想情况下,可以在每个频率分辨率带宽上独立地进行经验容差限分析。但是,工程中很难有足够的位置上的预示结果来确定每个带宽内的大百分比,如为了确定 $\beta=0.95$ 的经验容差限,至少需要 20 个位置的谱值。因此,通常把每个频率分辨率带宽内的谱值按均值归一化,然后综合所有谱值得到统一的分布函数,来确定覆盖 β 部分谱值的限值。当然,假设这一综合过程在每个频率分辨率带宽内,谱值的空间分布是相同的,进而,在所有频率分辨率带宽内,限值与均值的比例($x_\beta/\bar{x}$)为常数。

若给定一个域内 n 个位置的响应谱在 m 个频率分辨率带宽内的谱值 x_{ij}($i=1,2,\cdots,n;j=1,2,\cdots,m$),确定其经验容差限值的过程如下:

(1)计算每个频率分辨率带宽内的谱值的平均值,即

$$\bar{x}_j = \frac{1}{n_j}\sum_{i=1}^{n_j} x_{ij} \tag{4.7}$$

(2)每个频率分辨率带宽内的谱值除以对应带宽内的谱值的平均值,得到归一化谱值 u_{ij},即

$$u_{ij} = \frac{x_{ij}}{\bar{x}_j} \tag{4.8}$$

(3)组合所有带宽上的归一化谱值,得到一个数列 $u_k(k=1,2,\cdots,nm)$,并按从小到大的顺序对其排序。其中,当 $k=1$ 时,u_1 取最小值;当 $k=2$ 时,u_2 取次小值;依次类推,当 $k=nm$ 时,u_{nm} 取最大值。

(4)从经过归一化处理并排序的谱值 $u_{(k)}$ 中选择一个值 u_β,它包含综合后

的全部数据中的 β 部分的值,即当 $k = nm\beta$ 时

$$u_\beta = u_{(k)} \tag{4.9}$$

(5)每个频率分辨率带宽内的归一化限值 u_β 乘以对应带宽内的均值,就可以得到每个带宽内经验容差限 $x_{\beta j}$,也可以记为 $\mathrm{ETL}_x(\beta)$,则有

$$\mathrm{ETL}_x(\beta) = x_{\beta j} = u_\beta \bar{x}_j \tag{4.10}$$

作为例子,图 4.4 给出了图 4.1 中数据经归一化后的经验分布,图 4.5 给出了关于图 4.1 中数据的 95% 经验容差限的结果。为了得到图 4.5 所示的 95% 限值,从图 4.4 中给出的经过排序的归一化谱值中选择乘数 $u_\beta = 3.37$ 。当然, u_β 值是从 492 个数值组成的统计样本中计算得到的估计值,它可能大于或小于域内所有点对应的 u_β 的真值。 u_β 估计值统计差异由二次概率函数确定[8],因此,可以确定一个上界 $U_\beta = Cu_\beta(C > 1)$ 来得到式(4.10)中表示的限值,这个限值大于域内 β 部分点上的谱值具有较高的置信度。但是,实际中通常使用式(4.9)计算得到的未经修改的 u_β 的值。这意味着式(4.10)中表示的限值对应的置信度约为 $\gamma = 50\%$,也就是说,从式(4.10)中得出的经验容差限是点值,即域内所有大于 95% 位置上的响应谱值的置信度为 5% 的点。与其他方法一样,计算得到的经验容差限有时也通过一系列直线段包络的方法来进行平滑。这一过程同样存在 4.1.1 节包络限方法中所讨论的主观判断引起的问题。用经验容差限制定设计或试验条件时,也通常受到 4.5 节中描述的具体条件制约。

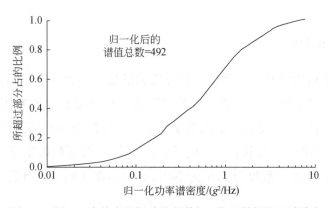

图 4.4　图 4.1 中给出的振动响应谱归一化后数据的经验分布

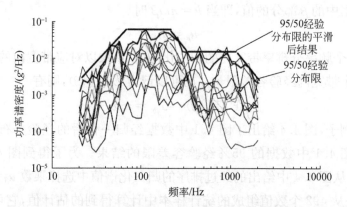

图 4.5　图 4.1 中的振动响应谱对应的 95/50 经验分布容差限

　　与 4.1.3 节讨论的无分布容差限一样,经验容差限方法没有假定域内响应谱值在空间上呈对数正态分布。同正态容差限一样,经验分布容差限对所用的预示谱值的频率分辨率带宽不像包络限那样敏感,原因已在 4.1.2 节中进行了讨论。但是,经验容差限方法也具有如下一些潜在问题:

　　(1)如果组合所有频率分辨率带宽上的谱值来得到经验分布,其结果对响应谱值的空间分布规律在所有带宽内是相同的这一假设比较敏感。

　　(2)在较大数量的位置上有响应预示数据时,这种方法比较有效,一般 $n > 10$。

　　(3)除非进行更广泛的计算,这种方法提供的限值对应的置信度只有 γ 等于 0.50。

4.1.5　正态预测限

　　获得一个域内结构响应谱值的保守限值的最后一种方法,是对每个频率分辨率带宽上的预示谱计算一个正态预测限值。正态预测限值能用于正态分布的随机量。因此,为了使转换后的预示值 $y_i (i=1,2,\cdots,n)$ 呈近似正态分布,要求使用式(4.1)进行对数转换。y 的单边(上限)正态预测限定义为,超过下一个 y 的预测值且置信系数为 γ,记为 $\mathrm{NPL}_y(n,\gamma)$,按文献[11]有公式:

$$\mathrm{NPL}_y(n,\gamma) = \bar{y} + \sqrt{1 + \frac{1}{n}}\, s_y t_{n-1;\alpha}, \quad \alpha = 1 - \gamma \qquad (4.11)$$

式中,$\bar{y}$ 为样本均值;s_y 为式(4.3)中定义的 y 的样本标准偏差;$t_{n-1;\alpha}$ 为具有 $n-1$ 个自由度的 Student 变量 t,它的值在统计学教材中以列表的形式给出,如文献[8]，原工程单位下 x 的正态预测限可由如下公式得到：

$$\mathrm{NPL}_x(n,\gamma)=10^{\mathrm{NPL}_y(n,\gamma)} \tag{4.12}$$

不应把正态预测限与式(4.2)给出的正态容差限混淆，后者定义了一个上限值，即它是至少超过 x 所有可能值的 β 部分的值，且置信度为 γ。正态预测限的 γ 有时也称为概率，但测量完成后，应称为置信系数。

作为例证，图 4.6 给出了图 4.1 所示数据的正态预测限与频率的关系($\gamma=0.95$)。这个限值通常指，在一个域内任意给定点上，下一个响应预示谱值的 95% 正态预测限。如同其他几种容差限一样，正态预测限有时也通过一系列直线段包络来进行平滑处理，见图 4.6。这一过程同样引起 4.1.1 节包络限方法中所讨论的主观判断问题。用正态预测限制定设计或试验条件时，通常也受到 4.5 节中描述的具体条件制约。

式(4.12)定义了根据 y 的前 n 个值(如 y_i，$i=1,2,\cdots,n$)的样本均值和标准偏差得到下一个 y 值的正态预测限值(如 y_{n+1})。通过简单地对 γ 取平方，此公式可以用来确定超过后面两个值(y_{n+1} 和 y_{n+2})的限值。例如，假设由式(4.12)得出下一个 y 值具有置信度 $\gamma=0.95$ 的限值为 $\mathrm{NPL}_y(n,\gamma)$，则同样的限值用于后两个 y 值的置信度为 $\gamma=(0.95)^2\approx0.90$。反过来讲，如果后面两个 y 值的限值期望的置信度为 $\gamma=0.95$，由式(4.11)得出 $\mathrm{NPL}_y(n,\gamma)$ 的置信度为 $\gamma=\sqrt{0.95}\approx0.975$。利用相同的方法可以确定任意数量未来 y 值的预测上限的值。但是，应记住，随着同时预测数据数量的增加，正态预测限是无界的。

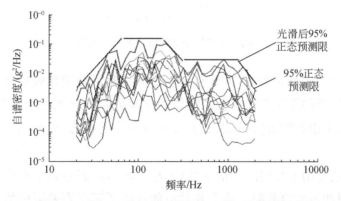

图 4.6　图 4.1 中振动响应谱的 95% 正态预测限

由于只考虑一个与概率有关的参数，即置信度 γ，正态预测限的应用相对其他容差限较简单。另外，正态预测限带来如下两个问题：

(1)它对域内结构响应谱值的空间分布符合对数正态分布规律的假设比较敏感。当置信度系数 γ 高时,这个假设可能出现问题。

(2)它只是针对域内随机选出的位置点给出的一个或几个指定响应预测结果的保守极限值,而不是针对域内所有位置的响应。

4.1.6 评估

4.1.1～4.1.5 节介绍了 5 种不同的确定随机动态载荷引起的结构响应的保守限值的方法。图 4.7 为针对图 4.1 给出的 12 个实测功率谱数据的 4 种不同限值结果的比较。图 4.7 中的三种容差限分别以 $\gamma=0.46\sim0.5$ 的置信度,覆盖域内所有点中的 $\beta=0.95$ 部分的响应谱值。图 4.7 中的正态预测限以 $\gamma=0.95$ 的置信度(概率)覆盖了域内下一个选择点上的响应谱。图 4.7 中结果表现出下面几个特点:

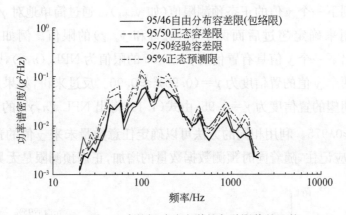

图 4.7　图 4.1 中的振动响应谱的各种限值的比较

(1)在绝大多数频率上,无分布容差限和经验容差限比较接近。这与如下事实一致:这两种限制都没有使用谱值的空间分布的对数正态假设,并且两者的计算使用了相近的置信系数,即无分布容差限的 γ 为 0.46,经验容差限的 γ 为 0.50。

(2)即使使用了相同的置信系数(γ 为 0.50),正态容差限在许多频率上高于无分布限和经验容差限。这个差异可能反映了正态容差限中的对数正态分布假设存在微小的不准确性。

(3)正态预测限在几乎所有频率上高于其他三种容差限的值。但是,以较高的置信度计算出的容差限的值可能超过正态预测限。

表 4.2 中总结了建立动态载荷在一个域内引起的结构响应限值的各种方法的缺点。基于这些比较结果，从域内 n 个点的预示谱计算域的响应谱的保守限值时，提出如下建议：

(1)建议采用式(4.2)给出的正态容差限，且置信度系数 γ 为 0.5。这也是文献中用来建立最大期望环境最通用的方法，如 MIL-STD-1540C 和 NASA-STD-7001 等。应该指出，当样本数 n 较小时，正态容差限的值与域内预示谱的均值相比很大。然而，这是假定对数正态分布条件下得出的统计上的正确结果，由于限值是由少数点上的谱值得出的，自然导致了其他所有点上谱值较高的不确定性。

(2)如果 $n>10$，式(4.11)给出的经验容差限可用来替代正态容差限。

同样，用一个结构域内动态响应的任何一种保守限值制定设计或试验条件时，应仔细考虑 4.5 节中描述的制约条件。

表 4.2　选择限值的各种方法的优缺点

优点	包络限	正态容差限	无分布容差限	经验容差限	正态预测限
能够覆盖域内所有位置上谱值已知的 β 部分	否	是	是	是	否
与已知的置信度系数 γ 有关	否	是	是	是	是
可独立选取覆盖的比例数 β 和置信系数 γ	否	是	否	否*	未使用 β
对对数正态分布假设敏感	否	是	否	否	是
对不同频带上的空间分布规律不同敏感	是	否	是	否**	否
对频率分辨率带宽较敏感	是	否	是	否	否

* 除非进行进一步计算；

** 除非有足够的可用数据来独立计算每个频带的限值。

4.2　空间差异——区间预示方法

一些高频预示方法能够提供一个结构区间内的响应谱的平均结果，其中可能包括了指定的感兴趣的点，但是，它没有明确定义保守程度。另外，这些区间预示方法的预示谱结果具有相对粗糙的频率分辨率，带宽通常为 1/3 倍频程带宽。某些情况下,在单独一个感兴趣的结构域内(最大期望环境计算所划分的域)可能有几个区间预示结果用来建立设计或试验标准。这些情况下,区间预示结果可被视为点预示结果,4.1节的方法可直接应用,但为了计算区间预示结果所用的频率分辨率带宽(可能是1/3倍频程带宽)内发生的窄带谱峰值,可能需要一些附加系数。另一些情况下,单独一个区间预示结果可能与一个感兴趣的结构域一致。这时,考虑到域内所有点上的动态响应的谱值的变化,可能需要增加一些系数进行补偿。

4.2.1　频率分辨率带宽的变化

　　假设结构区间的动态响应预示结果是以1/3倍频程带宽给出的,那么代表小阻尼结构共振的窄带谱峰值将明显大于1/3倍频程带宽对应的谱峰值。若进一步假定在给定的1/3倍频程带宽内只存在一个谱峰值,则窄带谱峰值与1/3倍频程带宽的幅值的比值可通过解析方法确定[11]。然而,更为可行的方法是依据以往的工程经验或数据来衡量预期结构响应谱峰值与1/3倍频程带宽幅值的比值。图4.8给出了基于对飞机外挂存储的随机振动响应数据的全面分析得出的经验分布函数。从图中可以看出,以1/3倍频程带宽得到的谱值增加3dB则可包络全部峰值的90%,增加4dB则可包络全部峰值的95%,增加5dB则可包络全部峰值的98%。因此,对于1/3倍频程带宽的结构响应预示谱,如果在其幅值上增加合适的系数(系数由图4.8确定),则可以将其转化为大多数窄带谱峰值的包络。但是,这样做必须仔细考虑4.5节描述的谱值包络的限制。

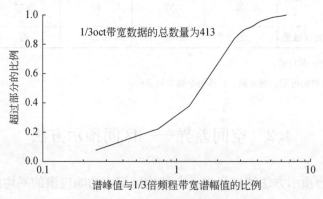

图4.8　振动谱峰值与1/3倍频程带宽谱幅值的经验分布函数

4.2.2　结构区间的变化

根据区间预示结果所覆盖的结构范围的不同,区间内的动态响应可能存在
很大差异(见 3.2.2 节)。如果预示区间包含了建立设计和试验条件所感兴趣
的结构区域,则区间内响应差异与图 4.1 所示的数据的差异相似。以 dB＝
$10\lg x$ 形式来表示给定频率分辨率带宽的谱值 x,则图 4.1 所示的振动响应谱
组合数据的标准偏差为 5.5dB。这与已发表的相对均匀的火箭结构区间内测
得的其他随机响应谱数据的标准偏差一致,如文献[4]～[6]中数据的空间分布
标准偏差为 5～6dB。火箭结构上测量得到的大量的振动功率谱数据中得出的
标准偏差一般小于 6dB[12]。因此,可以认为 6dB 是典型结构域内随机动态载
荷引起的响应的标准偏差的合理上界,即

$$\sigma_{spatial}＝6dB \tag{4.13}$$

式中,假设标准偏差估计代表一个已知值 σ,而不是一个样本值 s,这是因为确
定估计值所用的数据的样本数量很大。

现在假设预示区间能够覆盖结构域(最大期望环境计算所划分的域),且其
动态响应在空间上的变化可近似为对数正态分布,如 4.1.2 节所述。从式
(4.5)可以得到区间内所有点的响应的 β 部分的正态容差限近似为

$$NTL_x(\beta)＝10^{C/10}, \quad C＝AP(dB)＋6z_\alpha, \quad \alpha＝1-\beta \tag{4.14}$$

式中,AP(dB)为以 dB 表示的区间响应预示结果;z_α 为标准正态分布的 α 百分
点数($\beta＝1-\alpha$),它的值在统计教材中以表格形式给出[8]。若进一步假定区间
预示结果表示区间内的能量平均响应的估计,则式(4.14)中的正态容差限对应
的置信系数 γ 为 0.50,即 $NTL_x(\beta)$ 为各点之间变化的 $100\beta/50$ 正态容差限。

例如,设给定频率范围内的随机振动响应的区间预示结果为 $0.02g^2/Hz$
(即为 $1g^2/Hz$ 的 -17.0dB)。在此面积内所有点上谱密度的 95/50 正态容差
限($\alpha＝0.05$)由式(4.14)给出,令式中 AP(dB)＝-17.0 且 $z_{0.05}＝1.645$,因此
有 $C＝-7.1$ 及 $NTL_x(\beta)＝0.19g^2/Hz$,也就是说,95/50 正态容差限是结构
区间预示谱密度的 9.7 倍(或高 9.9dB)。

应该强调,式(4.13)给出的结构域内动态响应的标准偏差,是在较窄的频
率分辨率带宽上分析得到的谱数据的基础上给出的。因此,标准偏差本质上已
经包含了从区间预示结果所用的较粗的典型带宽(一般为 1/3 倍程带宽)转
换到绝大多数以窄频率分辨率带宽分析得到的谱峰值表示的容差限的修正。

因此,不应该在式(4.14)给出的正态容差限的基础上增加 4.2.1 节和图 4.8 所讨论的频率分辨率带宽的修正。

4.3　多次飞行过程之间的差异

航天器动态随机载荷引起的结构响应除了存在空间差异外,在同一个给定结构位置上的响应在两次飞行间也存在变化。在飞行器的多次飞行中,很少测量同一结构点的振动,特别是空间运载器,但是有一些数据可用。例如,文献[17]中给出了三叉戟 I 导弹的 24 次静态点火和 40 多次飞行中同一个点上实测的冲击响应谱和振动功率谱。仔细研究这些数据后,得出了不同发次的冲击响应谱和振动谱密度数据近似呈对数正态分布,且其最大标准偏差为

$$\sigma_{\text{flt-to-flt}} = 3\text{dB} \tag{4.15}$$

与式(4.13)一样,因为结合过去数据获得标准偏差估计所用的采样数量很大,所以假设该估计表示一个已知值 σ 而不是样本值 s。利用对数正态假设,由式(4.5)可以得出,至少占所有飞行的 β 部分飞行中在特定结构点上动态响应的正态容差限近似为

$$\text{NTL}_x(\beta) = 10^{C/10}, \quad C = P(\text{dB}) + 3z_\alpha, \quad \alpha = 1 - \beta \tag{4.16}$$

式中, $P(\text{dB})$ 为以 dB 表示的区间响应预示结果; z_α 为 α 百分点数的标准正态分布 $(\beta = 1 - \alpha)$,它的值在统计教材中以表格形式给出[8]。若进一步假定区间预示结果表示所有飞行中的能量平均响应的估计,则式(4.16)中的正态容差限对应的置信系数为 $\gamma = 0.50$,即 $\text{NTL}_x(\beta)$ 为各次飞行之间变化的 $100\beta/50$ 正态容差限。

例如,设给定频率范围内,航天器结构上某点的随机振动响应的预示结果为 $0.02g^2/\text{Hz}$ (即为 $1g^2/\text{Hz}$ 的 -17.0dB)。在此型号的所有飞行中的谱密度的 95/50 正态容差限由式(4.16)给出,令式中 $P(\text{dB}) = -17.0$ 和 $z_{0.05} = 1.645$ 。因此有 $C = -12.1$ 及 $\text{NTL}_x(\beta) = 0.062g^2/\text{Hz}$,也就是说,95/50 正态容差限是结构区间预示谱密度的 3.1 倍(或高 4.9dB)。

根据 4.2.2 节结束段的讨论,应指出的是,在计算不同点之间差异的容差限时,可能已经考虑了式(4.15)给出的不同飞行间的变化。例如,图 4.2 中用来计算正态容差限的 12 个谱数据是分别在 3 次不同的飞行中测量得到的,因此,正态容差限结果中已经反映了不同飞行间的变化。另一方面,可能存在这

样的情况,即域内动态响应的容差限是从同一次飞行的不同点的预示或测量数据中计算得到的,或由式(4.14)估计得到。这种情况下,计算容差限前,应把不同飞行间的差异加到不同点之间的变化上,即正态容差限计算结果的标准偏差为

$$\sigma_{\text{total}} = \sqrt{\sigma_{\text{spatial}}^2 + \sigma_{\text{flt-to-flt}}^2} \qquad (4.17)$$

任何情况下,不能把域内不同点的容差限与不同飞行间的容差限直接相加。

例如,设不同点的响应间的标准偏差为 $\sigma_{\text{spatial}} = 6\text{dB}$,不同飞行的响应的标准偏差为 $\sigma_{\text{flt-to-flt}} = 3\text{dB}$,则计算正态容差限的标准偏差为 $\sigma_{\text{total}} = 6.7\text{dB}$。这一过程中可能存在的一个复杂问题是,当假设式(4.16)给出的各飞行次之间的标准偏差 $\sigma_{\text{flt-to-flt}}$ 是已知值时,各点之间的标准偏差可能是从 n 个谱样本计算出的 s_{spatial} 的估计。因为总标准偏差主要由各点标准偏差控制,所以建议根据表 4.1 中的要求置信度对应的容差系数计算的正态容差限,适用于不同点的标准偏差计算,计算结果与置信度有关。

4.4　容差限超过部分的选择

4.1~4.3 节介绍的各种容差限的计算过程都要求选择 β 值,它表示在一个域内响应谱小于容差限的位置所占的比例。选择通常具有一定随意性,确定冲击振动试验量级时,通常取 $\beta = 0.95$,如 MIL-STD-1540C 和 NASA-STD-7001 就取此值。但是,为了建立试验条件,根据欠试验和过试验的不同后果,应制定多个程序来选择最优的 β 值。如果 β 值太小,使试验量级太小而无法暴露,可能导致飞行失败的缺陷。反之,如果 β 值太大,可能导致试验量级过高而引起飞行中不可能发生的失效。

文献[13]~[18]详述了大家熟知的专门用来优化试验量级选择的过程。所有参考的过程从环境分布函数百分数的角度提供了最优试验量级,这些本来是4.1~4.3 节的 β 值。β 值是成本比值 C_T/C_F 的函数,其中,C_T 是试验失效的成本,C_F 是飞行失败的成本。文献[14]中的方法适用于鉴定试验和样机飞行试验,它考虑到试件已经批量生产并投入使用的可能性,也就是说,它包括了可能的修改成本。文献[15]中的结果适用于验收试验,其中同时评估了环境严酷度和试验件的强度,即它依赖于试验件的设计安全系数。文献[16]中的方法适用

于验收试验和样机飞行试验,基于试件的强度考虑了试验系数。最简单的方法首先是在文献[16]中提出的,在文献[17]中进行了更全面的推导,它适用于验收试验和样机飞行试验,给出的最佳量级对应的 β 值为

$$\beta = \frac{1}{1 + (C_T/C_F)} \tag{4.18}$$

根据合适的假设条件,主要是较大的设计安全系数和不考虑修改成本,文献[18]的结果显示所有方法得出基本相同的结果,与式(4.18)给出的结果和图4.9中曲线相同。应该指出的是,图4.9的结果只适用于确定验收试验和样机飞行试验的量级,这些受试产品还要参与飞行。这个结果不是非常适合选择鉴定试验量级,鉴定试验是在一个或多个不参与飞行的试件样本上进行的。如果 C_T 包含为了使受试产品通过试验而对其进行重新设计的成本估计,且 C_F 包含所有飞行产品失效的成本估计,则图4.9可近似用于最佳鉴定试验量级。

直观上,图4.9中的结果是令人满意的。特别是,认为在试验中失效的产品可以通过相对简单而廉价的改变设计来修正时,这些产品在飞行中失效可导致整个火箭失败,如对成功发射至关重要的推力矢量的控制部件。如图4.9所示,试件应该按与预期飞行环境相比非常严酷的量级进行试验,以大大降低欠试验的风险。例如,如果飞行失败的估计成本比试验失效导致的成本高1000倍,即 $\beta = 0.999$,则制定的试验量级应该比常用的 $\beta = 0.95$ 对应的量级高10dB。反之,认为试验失效会导致复杂而昂贵的重新设计,而其在飞行中失效

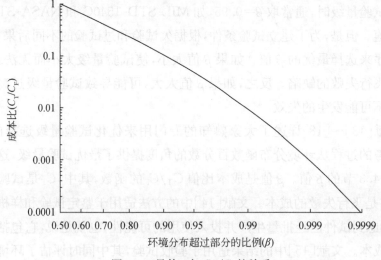

图 4.9　最佳 β 与 C_T/C_F 的关系

不是灾难性的,如搭载的可重复性的空间科研设备。图 4.9 显示,这种情况下,试验量级与预期飞行环境相比应该是适度的,从而使过试验的风险降到最低。例如,如果预计飞行失败成本不超过试验失效所导致的后果,即 $\beta = 0.50$,其对应的试验量级比常用的 $\beta = 0.95$ 对应的试验量级低 10dB。应该注意到,常用的 $\beta = 0.95$ 对应的成本比为 $C_T/C_F = 0.053$,这意味着飞行失败的估计成本比试验失效所产生的成本高 19 倍。

实际上,在确定试验量级时,很少用图 4.9 所示的这类最佳方法来选择容差计算所需要的 β 值。这可能是由于如下两个实际问题:

(1)该方法需要指定损失比,这可能导致潜在风险,特别是发生飞行失败时,当航天器载人或危及人员生命时,这个问题更加突出。

(2)该方法导致不同的 β 值,因而导致对安装在同一火箭上的设备的试验量级不同。这不满足通过通用规范文件使火箭及其设备的试验量级标准化的要求。

另外,最佳试验量级确定方法提供了一种合理的统计方法,以去除随意用统一的规范来表示的标准试验量级时常产生的不必要的过试验,如该方法根据特定有效载荷及部件的要求,提供了一个合理的试验剪裁方法。另外,该方法不需要确定绝对损失数值,只要求定性地给出相对损失量。该方法考虑了由于试验失效导致的可能的计划延期或飞行失败导致的国家荣誉的损失等因素。

4.5　输入运动限值的约束

根据 4.3~4.4 节的因素进行修正后,4.1~4.2 节所说明的各种限值以运动参数谱的形式给出了最大期望环境,即域内所有点上的最大响应。这里所用的运动参数通常是加速度,如最大期望随机振动环境通常用振动加速度自谱密度函数(g^2/Hz)随频率(Hz)的变化关系来表示。这些限值适用于大致描述飞行结构对动态随机载荷的响应,但是,把这些限值视为安装在火箭结构上的设备的输入时要特别小心。特别是,当用一个域的最大预期环境来制定该域内设备的动力学设计或试验标准时,必须记住相对较重的设备对结构产生的加载作用,因此输入运动可能显著小于最大期望环境给出的量级。该问题在设备的共振频率处表现尤为突出,这时,设备的视在质量很大[19],且设备实质上是一个动力吸振器[20]。在制定设计或试验标准时,对此问题不加以强调,可能导致设备严重的过设计或过试验。

4.5.1 基本原理

假设动态载荷激励下,火箭结构产生的加速度响应为 $x(t)$,且假定当设备安装在结构上时,设备的安装点处火箭结构的响应加速度变为 $a(t)$。安装和未安装设备状态下结构响应加速度的自谱密度函数的关系表述为[21]

$$G_{aa}(f) = \frac{G_{xx}(f)}{\left| 1 + \left[W_p(f) / W_s(f) \right] \right|^2} \qquad (4.19)$$

式中,$G_{xx}(f)$ 为未安装仪器的自由加速度 $x(t)$ 的自谱密度函数;$G_{aa}(f)$ 为安装仪器后安装界面的加速度 $a(t)$ 的自谱密度函数;$W_s(f)$ 为火箭结构输入源的视在质量函数;$W_p(f)$ 为仪器设备驱动点的视在质量函数。

式(4.19)中的视在质量函数表达式为

$$W(f) = \frac{F(f)}{A(f)} \qquad (4.20)$$

式中,$F(f)$ 和 $A(f)$ 分别是作用力及响应加速度的傅里叶变换。对于火箭结构的输入源视在质量 $W_s(f)$,$F(f)$ 是施加在设备安装点处的结构上作用力的傅里叶变换,$A(f)$ 则为该点上的作用力引起的结构加速度响应的傅里叶变换。对于仪器设备的驱动点视在质量 $W_p(f)$,$F(f)$ 是设备安装点对设备的作用力的傅里叶变换,$A(f)$ 则为由作用力引起的在安装点的仪器上加速度响应的傅里叶变换。如果响应加速度用重力加速度单位 g 来衡量,则 $W_s(f)$ 的单位是 N/g(lb/g)。应该指出,式(4.19)有时用机械阻抗的形式表示,即 $Z(f) = F(f)/V(f)$,其中的 $V(f)$ 为速度的傅里叶变换。机械阻抗与视在质量的关系为 $Z(f) = 2\pi f W(f)/g$。

从式(4.19)看,当设备驱动点的视在质量相对于结构的源视在质量很小时,安装设备和未安装设备两种状态下的结构的振动响应相近,即当 $W_p(f)/W_p(f) \to 0$ 时,$G_{aa}(f) \to G_{xx}(f)$。因此,轻质量的设备安装在较重的结构上时,一般可认为其振动环境与没有设备状态下设备安装点处结构上实测振动环境相同。然而,较重的仪器设备能显著降低设备安装点处结构的振动,特别是在设备的共振频率处尤为显著,此处的驱动点视在质量明显增加,例如,共振频率处的单自由度系统的驱动点视在质量为 $W_p(f_n) = QW$,其中 $Q = 1/(2\zeta)$,$W = Mg$(ζ 为阻尼比,M 为系统的模态质量)。但是,根据经过频域光滑处理的最大期望环境的计算结果制定设计或试验规范时(如 4.1～4.4 节所述),不考虑设备振动输入的降低,特别是在它们的共振频率处的减小。

理论上,如果在设备安装点处,设备的驱动点视在质量和火箭结构的源视在质量都已知,则通过式(4.19)可计算出仪器设备的正确的输入量级,用于设计或试验。通常在制定结构设计规范时这样做,但是制定试验规范时问题较复杂。具体是,火箭设备的冲击和振动试验的量级,通常采用从最大期望环境得出的通用条件形式,即它适用于可能安装在火箭结构的指定域内所有仪器设备。为了产生最大期望环境对应的振动输入量级,振动试验设备在其能力所及范围内应产生足够的力(即使该力在飞行环境下不会发生),以便在设备的安装点处达到指定的输入运动量级。也就是说,振动试验设备表现为无限源视在质量,即使设备安装处火箭结构的视在质量通常是有限的。因此,必须采用特殊方法来避免由于基本上无限的振动试验设备的视在质量引起的设备的过试验:①输入力控制技术;②输入加速度限制方法;③响应加速度限制方法;④噪声试验。

4.5.2　输入力控制技术

为了避免振动试验中在设备的共振频率处产生过试验,提出了多种方法来限制对受试设备的输入力。其中已得到应用或经过试验验证的三种方法是力-加速度乘积限制[21],基于试件的驱动点阻抗的解析界面作用力限制[22]和基于试件总重量的半经验界面力限制[23]。这三种方法都要求测量振动试验中输入到试件的总作用力。最好的做法是在试件与试验夹具的每个安装点上串联安装一个力传感器,求所有力传感器的测量信号的和,就可以得到输入到试件的总作用力。但是,在绕有电阻丝的电枢的电磁振动台上进行正式试验时,总的输入力可以从电枢的电压和电流的测量结果并结合恰当的振动台台面和试验夹具的质量进行修正,详细讨论见文献[24]。

1. 力-加速度乘积限制

较早用来进行力限制的方法是,利用传递到试件的力-加速度的乘积[21]。试验方法如下所示。

(1)通过合适的试验夹具把试件安装到电动台上,在试件和试验夹具之间串联力传感器,并在试件与试验夹具的安装点附近安装控制加速度计。在绕有电阻丝电枢的电磁振动台上进行振动试验时,可通过测量电枢的电压和电流来确定输入力大小[24]。

（2）所有力传感器或振动台的电枢电流的信号相加，并乘以控制点加速度计的输入加速度信号。文献［21］建议，通过对力和加速度的模拟信号取对数，然后对结果进行求和及平均运算来确定力-加速度乘积的平均值。但是，先进的数字控制系统能够直接实时计算平均乘积。

（3）正弦扫描试验中，应手动修改指定的控制点加速度计的输入运动信号，以维持在试件每个强共振频率附近较窄的频带范围内的力-加速度平均乘积近似为常数。

（4）对于随机振动试验，为了在试件的强共振频带范围内保持力-加速度平均乘积近似为常数，应手动修改控制点加速度计指定的输入运动信号的自谱，就像振动台的均衡控制系统一样。

　　力-加速度乘积限制方法自动在试件的强共振频率处对指定运动试验量级进行"带谷"处理，见图 4.10。

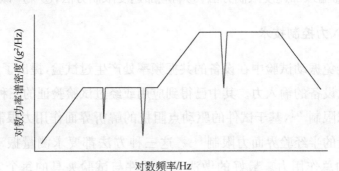

图 4.10　试件的"带谷"随机振动试验条件

力-加速度乘积限制方法的优点有：

（1）实现起来相对比较简单，特别是正弦扫描振动试验中用振动台电枢电流作为力信号。

（2）不需要受试件安装点处的火箭结构的源视在质量数据。

（3）不需要受试件的驱动点视在质量数据。

该方法主要的不足是仅粗略地修正了试件的载荷效应，虽然通常认为这种修正产生逼真的试验条件。

2. 解析力限制

实现振动试验的力限制的最精确方法是，通过解析方法评估试验件和其安

装结构之间的实际界面力。特别地,当作为振动试验力限制时,用安装在火箭结构上的设备的界面作用力表示为

$$G_{FF}(f) = |W_p(f)|^2 G_{aa}(f) \tag{4.21}$$

式中,$G_{aa}(f)$表示式(4.19)给出的界面加速度的自谱;$W_p(f)$表示试件的驱动点视在质量。试件的驱动点视在质量可很容易地在振动试验前测量得到。测量时,把试件安装到试验设备上,并在试件和试验夹具之间串联力传感器,然后以小量级进行激振。通过计算试件安装点的力和加速度的频响函数得到试件的驱动点视在质量(见 4.5.1 节)。这样,问题简化为估计界面加速度谱 $G_{aa}(f)$,它依赖于火箭结构的源视在质量 $W_s(f)$。文献[23]及其参考文献中概括了式(4.21)中的界面力谱的保守估计的确定方法。假设可获得必要的信号,则试验方法如下所示。

(1)利用合适的试验夹具把试件安装到振动试验设备上,并在试件和夹具之间串联力传感器,在试件与夹具的安装点附近安装一个用于控制的加速度计。在绕有电阻丝电枢的电磁振动台上进行振动试验时,可通过测量电枢的电压和电流来确定输入力的大小[24]。

(2)对力传感器的信号求和,将其作为力控制信号。

(3)用一个双通道振动控制均衡系统,振动台的主控制通道采用要求的随机振动或正弦扫描的振动输入量级,第二控制通道采用由式(4.21)计算得到的解析力限制。当产生要求的运动所需的力超过界面作用力时,振动台将产生任何频率上的界面力限制。

解析方法导出力限值时,会自动对要求的振动试验量级进行"带谷"处理,见图 4.10。

如果处理恰当,解析力限制方法的优点是发生欠试验或严重过试验的概率低。该方法的主要缺点是:

(1)需要与试验安装点处的火箭结构的源视在质量有关的信息。

(2)试验前必须测量试件的驱动点视在质量。

(3)需要双通道振动控制系统。

3. 半经验力限制

文献[25]首次提出了一种获得力限制的简单方法,文献[23]对这种方法进行了概括,文献[26]进行了验证。在低于试件的一阶共振频率的频段上,该方

法使用试件的总质量替代式(4.21)中的驱动点视在质量 $W_p(f)$,而用规定的运动输入量级替代界面加速度 $G_{aa}(f)$ 。当高于试件一阶共振频率时,试件的总质量与频率呈反比关系衰减,即 $W_p(f)=W_T(f_1/f)(f>f_1)$,其中 f_1 为试件的第一阶共振频率, W_T 为试件的总质量。对于正弦波和瞬态试验,力限制的傅里叶变换为

$$F(t)=CW_p(f)X(f)$$
$$W_p(f)=W_T, \quad f \leqslant f_1$$
$$W_p(f)=W_T(f_1/f), \quad f>f_1 \tag{4.22}$$

式中, $X(f)$ 为输入试验量级的傅里叶变换,g;C 为经验系数。对于随机振动试验,力限制的自谱表达式为

$$G_{FF}(f)=C^2|W_p(f)|^2G_{xx}(f) \tag{4.23}$$

式中, $G_{xx}(f)$ 为输入运动试验量级的自谱密度, g^2/Hz; $W_p(f)$ 同式(4.22)的定义。

文献[25]建议经验系数取 $C=1.2$,文献[26]中认为 $C=1$ 适合于卡西尼飞船的几何较重的零件的试验。然而,文献[23]指出,对于安装在较重结构上的轻质量零件,应该取 $C \geqslant 1.4$ 。试验方法同4.5.2节内容。文献[26]举例说明了该方法在大型飞船上的应用。

界面力控制的简化方法的主要优点如下:

(1)不需要试件安装点处的输入源视在质量有关的信息。

(2)不需要试验前测量试件的驱动点视在质量。

(3)如果处理恰当,该方法可产生与4.5.2节所述的较复杂的界面力限制方法精度相似的结果。

该方法的主要缺点是需要一套双通道振动台控制系统。

4.5.3　输入加速度限制方法

避免使用输入试验条件可能引起的过试验的一种简单方法是,用文献[27]中的方法修改在较低的共振频率处(通常为试件的最强的共振频率)的指定试验量级。具体方法如下所示。

(1)试件安装到试验设备上,并在试验夹具上的试件安装点附近安装一个加速度计作为输入加速度计,在试件上一阶共振响应较大的位置上安装第二个加速度计作为输出加速度计。

（2）输入较低的振动量级，测量输入和输出加速度计之间的频响函数，频率范围覆盖试件的一阶共振频率。对于正弦激励或随机激励，$H(f)$ 为频响函数，其中 $x(t)$ 和 $y(t)$ 分别为输入加速度和输出加速度。

（3）根据得到的频响函数的幅值 $|H(f)|$，即增益系数，按如下方法计算修改后的输入振动试验量级。

对于定频或扫描正弦试验，如果初始输入试验条件为 $P_x(f)$（单位是 g），则在覆盖试件的一阶共振频率范围内，修改后的试验量级为

$$P_x(f)_{\mathrm{mod}} = \frac{P_x(f)}{\sqrt{|H(f)|}}, \quad 0 < f \leqslant \sqrt{2} f_{\mathrm{n}} \tag{4.24}$$

式中，f_{n} 为试件的一阶共振频率。

对于稳态随机激励试验，若初始输入试验条件为 $G_{xx}(f)$（见 1.2.5 节，单位是 g^2/Hz），则在覆盖试件的一阶共振频率范围内，修改后的试验量级为

$$G_{xx}(f)_{\mathrm{mod}} = \frac{G_{xx}(f)}{|H(f)|}, \quad 0 < f \leqslant \sqrt{2} f_{\mathrm{n}} \tag{4.25}$$

根据给定的振动试验量级，输入加速度限制方法在试件的最低的共振频率处进行"带谷"处理。

应该指出，输入加速度限制方法有以下三个特点：

（1）若 $H(f_{\mathrm{n}}) = Q = 1/(2\zeta)$，则式（4.24）和式（4.25）的实质是，在试件的第一阶共振频率处降低激励量级，即正弦波输入 $P_x(f)$ 降低为原来的 $1\sqrt{Q}$，或随机输入 $G_{xx}(f)$ 降低为原来的 $1/Q$。

（2）输入加速度限制方法可以通过三个方法实现：①对试件小量级的、等（加速度）振幅正弦扫描激励扫过其一阶共振频率；②测量试件的第一阶共振频率特性，获得 $|H(f)|$；③按照式（4.24）和式（4.25）降低给定激励量级。

（3）可以看出，输入加速度限制方法实质上与 4.5.2 节中叙述的力-加速度乘积限制方法类似。

输入加速度限制方法有以下优点：

（1）对于正弦波振动试验和随机振动试验，该方法的实现都比较容易。

（2）不需要试件安装位置处火箭结构的源视在质量数据。

（3）在试件与振动试验设备的安装夹具之间不需要安装力传感器。

该方法的缺点有：

（1）试验前，必须测量试件的第一阶共振频率处的频响函数。

（2）该方法只能在试件的第一阶共振频率附近粗略修正安装点阻抗的

影响。

4.5.4 响应加速度限制方法

除了力控方法和修改输入加速度试验量级的方法外,还有一种备选方法,即使控制试件上一个或多个关键位置或部件的响应加速度满足给定的加速度试验量级。这种方法需要获得与试件上关键点或关键部件的最大飞行响应有关的信息。少数情况下,这些响应可以通过以前飞行过程的测量或利用分析程序预示得到,但是经常无法得到必要的信息。若有可用的所要求的响应信息,处理过程如下:

(1)把试件安装到试验设备上,并在试验支架与试件的安装点附近安装一个加速度计作为输入加速度计,在试件的关键部件上选择位置安装一个或多个加速度计作为输出加速度计。关键部件通常选在飞行中已经测量过试件响应或用第5章叙述的方法预示出响应的位置处。

(2)除了给出试件的输入加速度条件外,还为安装在试件上的每个加速度计生成一个最大响应谱型。

(3)采用双通道控制方法,用给定输入加速度谱进行控制,并在输入谱上进行"带谷"处理,以保证每个关键点的加速度量级在所有频段上不超出给定的最大响应量级。

响应加速度限制自动在给定的输入加速度试验量级上进行"带谷"处理,如图4.10所示。

响应加速度限制方法有如下优点:

(1)不需要试件驱动点的视在质量数据。

(2)不需要试件安装位置处火箭结构的源视在质量数据。

(3)在试件与振动试验设备的安装支架处不需要安装力传感器。

该方法的主要缺点是需要测量或预示得到试件上关键位置的响应加速度。

4.5.5 噪声试验

在振动试验中,振动试验设备过大的视在质量会引起试件过试验。避免过试验的一种重要方法,是用噪声试验代替振动台试验。如果有可用于噪声试验的初样火箭及其主要子系统,可以把所有试件按照飞行中的安装状态安装到初样火箭结构上,然后,保守地模拟火箭飞行中的最大气动噪声载荷对初样火箭进行噪声激励。这种方法可以在很好解决试件驱动点视在质量和火箭结构的源视在质量的前提下,实现所有试件的振动试验。当然,这种方法完成的振动试验只适用于振动环境的唯一来源是有气动噪声的情况,航天器上仪器设备的高频振动环境主要由气动噪声载荷引起的振动支配。噪声试验的性能将在后文中详细论述,文献[28]中给出了实例。

噪声试验方法的主要优点有:

(1)不需要试件驱动点的视在质量数据。

(2)不需要试件安装位置处火箭结构的源视在质量数据。

(3)在试件与振动试验设备的安装支架处不需要安装力传感器。

(4)若噪声模拟是准确的,则任何频段上都避免了产生过试验或欠试验的风险。

这种方法的主要缺点是:

(1)必须有用于噪声试验的航天器及其主要子系统,即使有可用的航天器,通常是在项目研制后期才能得到,但这对航天仪器设备的鉴定试验来说太晚。

(2)必须有足够大的、高强度噪声试验设施。

4.5.6　评估

为了避免振动试验中由振动试验设备的过大的视在质量引起的过试验情况发生,上述各方法对试件的给定运动输入进行了限制,表 4.3 中归纳了各种方法优缺点的比较。表 4.3 所示结果表明,从所有角度看噪声试验方法是最满意的方法,它最容易控制,能够提供最好的精度,且所需要的仪器设备及其在火箭上的安装结构的视在质量信息最少。但是,噪声试验方法必须要有可用的航天器及其主要子系统,并且要有较大的噪声试验设施,它产生的试验量级要求能够覆盖航天器发射过程中所经历的声压级强度。当有可用的整个航天器时,噪声试验通常作为航天器项目的最后一个试验。在项目研制的前期,由于未生产出可用的航天器或主要子系统,对单机产品则要求进行振动试验。前面所述的在振动台上实现的试验方法中,实现界面力控方法所需要的信息量最大,但能够提供最高的准确度。简化的界面力控方法较容易实现,且能够提供类似的准确度,也是较好的选择。

另外,文献[28]利用一个简单试件从疲劳损伤的角度对力-加速度乘积限制方法、界面力控方法以及输入加速度限制方法进行了比较和评估。比较结果表明,力-加速度乘积限制方法、界面力控方法是最好的选择,文中还进一步论述了两种方法对减少过试验所起的显著效果。

表 4.3　各种限制输入加速度量级的试验方法的优缺点对比

优点	力-加速度乘积限制方法	界面作用力限制方法	简化界面力限制方法	输入加速度限制方法	响应加速度限制方法	噪声试验方法
试验所需推导的简单程度①	A	C	A	A	B	A
振动模拟的准确程度①	B	A	A	B	B	A
是否需要驱动点的视在质量数据	否	是②	否	否③	否	否
是否需要源视在质量数据	否	是	否	否	否	否
是否需要力传感器④	是	是	是	否	否	否
是否需要双通道控制	否	是	是	否	是	否

注:①A-好;B-中;C-差。

②可在满量级振动试验之前,用较低输入量振动级进行激励情况下,在振动台上测量得到。

③必须测量试件最低共振频率附近的频率响应特性。

④有时可用振动台的驱动电流代替用力传感器测量力的方法。

4.6　瞬态波形的重构

瞬态过程的最大预期环境(MEE)代表了某个关心的结构区域内,通过测量或预示手段获得的以谱的形式表示的瞬态环境数据的保守极限,这些数据通常用 4.1～4.4 节所详述的各种方法在频域上计算得到。1.2.1～1.2.11 节中所定义的傅氏谱、能量谱或冲击响应谱都可以用来计算 MEE。但一些试验方法需要给出试验信号的时间历程,特别是在振动台上完成的低频瞬态过程模拟试验。当用冲击响应谱 SRS 定义 MEE 时,由于 SRS 与波形之间无唯一对应关系,因此无法通过解析方法直接重构给定波形。这种情况下,一般用衰减正弦波法[29,30]或小波方法[30]来构造合适的试验时间历程波形。同样,由于没有相位信息,能量谱也不适合于直接重构要求的波形。若模拟试验要求重构波形,应该使用傅氏谱定义瞬态过程的 MEE。

文献[31]和[32]中详述了利用傅氏谱形式表示的瞬态过程 MEE 得到重构波形的各种方法。文献[32]推荐的方法如下所示:

(1)通过测量或预示得到的每个用于 MEE 计算的傅氏谱数据记为 $F_i(f)$

$=F_{i,\mathrm{Re}}^2(f)+\mathrm{j}F_{i,\mathrm{Im}}^2(f)$,$i=1,2,\cdots,N$,其中, $F_{i,\mathrm{Re}}(f)$ 和 $F_{i,\mathrm{Im}}(f)$ 分别是傅氏谱的实部和虚部。每个傅氏谱的幅值为

$$|F_i(f)|=\sqrt{F_{i,\mathrm{Re}}^2(f)+F_{i,\mathrm{Im}}^2(f)} \tag{4.26}$$

(2)用 4.1 节所述的方法之一计算式(4.27)给出的 $i(i=1,2,\cdots,N)$ 个傅氏谱幅值的 MEE,以便得到 $|F_{\mathrm{MEE}}(f)|$ 。

(3)在用于 MEE 计算的 N 个测量或预示的傅氏谱 $F_i(f)(i=1,2,\cdots,N)$ 的每个计算频率点上,确定傅氏谱幅值 $|F_i(f)|$ 的最大值。

(4)在每个频率点上识别出在步骤(3)中幅值最大的傅氏谱的相位角,并把这些相位角指定给 MEE 的傅氏谱,得到 $F_{\mathrm{MEE}}(f)=F_{\mathrm{MEE,Re}}(f)+\mathrm{j}F_{\mathrm{MEE,Im}}(f)$ 。

(5)对步骤(4)中的 MEE 的傅氏谱进行逆变换,得到 MEE 波形。

参 考 文 献

[1] Piersol A G. Review of procedures to compute maximum structural response from predictions or measurements at selected points. Shock and Vibration,1996,3(3):211-221.

[2] Piersol A G. Test criteria and specifications//Harris C M. Shock and Vibration Handbook. 4th ed. New York:McGraw-Hill,1996.

[3] Bendat J S,Piersol A G. Random Data:Analysis and Measurement Procedures. 3rd ed. New York:Wiley,2000:355.

[4] Condos F M,Butler W L. A critical analysis of vibration prediction techniques. Proceedings of the Institution Environment Science,1963:321-326.

[5] Barrett R E. Statistical Techniques for Describing Localized Vibration Environments of Rocket Vehicles. NASA-TN-D-2158. Washington DC:National Aeronautics and Space Administration,1964.

[6] Anon. Procedures Utilized in Developing All-Random Vibration Test Specifications for Titan Ⅲ. BBN Report. No. 1083. Canoga Park:Bolt Beranek and Newman,1964.

[7] Bowker A H,Lieberman G J. Engineering Statistics. 2nd ed. Englewood Cliffs:Prentice-Hall,1972.

[8] Ross S M. Introduction to Probability and Statistics for Engineers and Scientists. New York:Wiley,1987.

[9] Piersol A G. Optimum resolution bandwidth for spectral analysis of stationary random vibration data. Shock and Vibration,1993,1(1):33-43.

[10] Guttman I,Wilks S S,Hunter J S. Introductory Engineering Statistics. 3rd ed. New York:Wiley,1982.

[11] Schmidt H. Resolution bias errors in the spectral density, frequency response and coherence function measurements. Journal of Sound and Vibration, 1985, 101(3): 347-427.

[12] Bandgren H J, Smith W C. Development and Application of Vibroacoustic Structural Data Banks in Predicting Vibration Design and Test Criteria for Rocket Vehicle Structures. NASA-TN-D-7159. Washington DC: National Aeronautics and Space Administration, 1973.

[13] Pendleton L R, Henrikson R L. Flight-to-flight variability in shock and vibration levels based on trident I flight data. Proceedings of the 53rd Shock and Vibration Symposium, 1983.

[14] Choi S C, Piersol A G. Selection of test levels for space vehicle component vibration tests. ASQC Journal of Electronics, 1966, 4(3): 3-9.

[15] Shinozuka M, Yang J N. Optimum Structural Design Based on Reliability and Proof-Load Testing. JPL TR 32-1402, Pasadena, 1969.

[16] Young J P. Spacecraft vibration test level cost optimization study. Proceedings of the 44th Shock and Vibration Symposium, 1974.

[17] Piersol A G. Criteria for the optimum selection of aerospace component vibration test levels. Proceedings of the Institution Environment Science, 1974: 88-94.

[18] Piersol A G. Optimum levels for shock and vibration acceptance tests. Proceedings of the 66th Shock and Vibration Symposium, 1995.

[19] Smallwood D O. The application of unloaded (free) motion measurements and mechanical impedance to vibration testing. Proceedings of the Institution Environment Science, 1976: 71-82.

[20] Reed F E. Dynamic Vibration Absorbers and Auxiliary Mass Dampers//Harris C M. Shock and Vibration Handbook. 4th ed. New York: McGraw-Hill, 1996.

[21] Witte A F. Realistic vibration tests. Instrumentation Technology, 1970, XX: 45-48.

[22] Scharton T D. Vibration-test force limits derived from frequency-shift method. Journal of Spacecraft and Rockets, 1995, 32(2): 312-316.

[23] Scharton T D. Force Limited Vibration Testing Monograph. NASA-RP-1403, 1997.

[24] Smallwood D O. Shaker force measurements using voltage and current. Proceedings of the 67th Shock and Vibration Symposium, 1996.

[25] Salter J P. Taming the general-purpose vibration test. Shock and Vibration Bulletin, 1964, (33): 221-217.

[26] Scharton T D, Chang K. Force limited vibration testing of cassini spacecraft and instruments. Proceedings of the 17th Aerospace Testing Seminar, 1997.

[27] Sweitzer K A. A mechanical impedance correction technique for vibration tests. Proceedings of the 33rd ATM, Institution Environment Science, 1987.

[28] Lee Y A, Lee A L. Recommended practice for high intensity acoustic test. Proceedings of the

42nd ATM, Institution Environment Science, 1996.

[29] Smallwood D O, Nord A R. Matching shock spectra with sums of decaying sinusoids compensated for shaker velocity and displacement limitations. Shock Vibration Information Center Schock Vibration Bulletin, 1974, 3(44):43-56.

[30] Nelson D B. Parameter specification for shaker shock waveform synthesis, Damped sines and wavelets. Proceedings of the 60th Shock and Vibration Symposium, 1989, Ⅲ:151-193.

[31] Hine M J. Controlling conservatism in transient vibration testing. Proceedings of the 15th Aerospace Testing Semninar, 1995.

[32] Hine M J. Transient synthesis using a Fourier transform envelope. Proceedings of the Institution Environment Science, 1996:17-22.

第5章 环境持续时间的计算

从暴露持续时间方面来看,第3章所概括的空间飞行器动力学环境可以分为三类,具体分类情况见表5.1。瞬时(冲击)环境通常可以用时间历程来描述(详见1.2.2节),或者用单独的一个谱函数来反映幅值大小和整个事件的持续时间(详见1.2.9～1.2.11节)。不过,明确指定瞬态事件的时间与设计和试验标准的公式相关[1]。

表 5.1 空间飞行器动载荷类型总结

动力载荷类型	动力载荷来源	详细内容(章节)
瞬态或冲击载荷(不超过一秒)	地震载荷**	1.3.3
	发动机点火过压*	1.3.5
	发射释放载荷*	1.3.6
	发动机推力瞬变	1.3.10
	推力矢量载荷	1.3.11
	舱段或整流罩分离*	1.3.15
	火工品爆炸*	1.3.16
	地表穿透**	1.3.20
	空间碎片碰撞**	1.3.21
短时间噪声或振动载荷(几秒至几分钟)	上升阶段风载	1.3.4
	发动机噪声*	1.3.7
	结构噪声	1.3.8
	空气动力噪声*	1.3.9
	POGO**	1.3.12
	发动机燃烧共振**	1.3.13
	箱内的液体晃动	1.3.14
	飞行操作过程产生的载荷	1.3.17
	行星着陆或进入*	1.3.19
长时间噪声或振动载荷(多于一小时)	运输过程**	1.3.2
	发射台上的风载	1.3.4
	在轨运行中的振动载荷	1.3.18

*对于常规飞行,通常是主要载荷;**如果发生,就成为主要载荷。

声载荷和振动载荷,无论是短时间还是长时间,都可以用随时间变化的谱来描述(详见 1.2.4～1.2.7 节)。这些随时间变化的谱处理成单一的最大谱(详见 1.2.8 节),这种谱可以用来将设计和试验标准公式化。问题是如何确定动力载荷在最大水平时所对应的持续时间,这种最大载荷水平对部件的破坏作用与实际的非稳定动力学环境相当。为了能够让用来确定设计和试验标准的动力载荷达到一个合适的持续时间,最重要的就是对可能致使被设计和(或)被试验的部件失效的方式、机理先做出假设。

5.1　失　效　模　型

性能的退化、所有的损坏亦或致使部件不能完成预定任务的任何故障都可以定义为飞行器部件的失效。对于一个动力载荷环境,由其引起的两种基本的失效类型如下所示:

1)硬失效

硬失效包括永久性的物理破坏,致使部件无法完成预定任务,即使是在动力载荷作用结束之后。硬件故障通常会导致看得见的破坏,如结构元件的破裂或者电子元件的永久性失效。

2)软失效

软失效包括在动力载荷作用时间内发生性能故障或退化,致使部件无法完成预定任务,但是当动力载荷作用结束后,部件不会显示出任何破坏,运行正常。软失效多发生在电气、电子和(或)光学元件上,偶尔也会发生在复杂的机械元件上,如陀螺装置。

失效机理是指部件在特定方法暴露于动力载荷之下而受损。所有失效机理都取决于动力载荷的幅值大小,也有相当一部分取决于载荷的作用时间。那些既取决于幅值又取决于作用时间的失效机理称为与时间相关的失效机理。软失效几乎都与时间无关,它们通常在动力载荷发生的同时出现;相反,硬失效一般是与时间相关的,当然也有例外。例如,如果一个冲击或振动载荷产生的应力超过了部件中重要元件的极限值,在载荷开始作用的同时,就会发生破裂现象。

为了确定合适的且以设计和试验为目的的作用时间,研究与时间相关的失效机理(通常会产生严重的失效现象)是很有意义的。暴露于动力学环境下的与时间相关失效机理的失效形式包括疲劳破坏、力接触磨损、相对运动磨损、螺钉或铆钉的松动[2-8]。有几个解析模型可以表述时间相关的部件失效与动力学载荷环境的幅值和持续时间之间的关系，包括逆幂律模型、基于峰值应力(S)-失效循环次数(N)曲线的疲劳损伤模型和基于现有裂纹生长速率的疲劳损伤模型。同样，也有一个完全依靠幅值大小的模型——首次穿越模型，有时采用它来确定部件暴露于随机振动环境下失效所需的时间。

5.1.1　逆幂律模型

对于多种与时间相关的失效机理，部件暴露于稳态动力学载荷 $x(t)$（周期的或随机的）之下，$x(t)$ 的均值为 0，均方根为 σ_x，其失效所需时间 T_F 近似于"逆幂律"[5]如下：

$$T_F = c\sigma_x^{-b} \tag{5.1}$$

式中，b 和 c 是取决于部件类型的常数。逆幂律通常用来建立机械和电气设备在工作载荷作用下无故障工作时间的模型。当然，它也适用于环境载荷，包括动力载荷。运用方程(5.1)，遵循如下规律：如果两个动力载荷具有相同谱值但是不同的均方根值，两者产生相同失效可能的暴露时间之间的关系为

$$T_2 = T_1 \left(\frac{\sigma_1}{\sigma_2}\right)^b \tag{5.2}$$

针对按照自谱定义的随机振动，方程(5.2)变为

$$T_2 = T_1 \left(\frac{G_1(f)}{G_2(f)}\right)^{b/2} \tag{5.3}$$

在运用方程(5.2)或方程(5.3)时，首要问题就是取得一个合适指数 b。文献[9]中针对小型制导导弹的详细试验性研究表明复杂电气和电子设备与时间有关的失效，参数 $b=4$；当然，对于不同的设备，对应的 b 值区别很大。针对一般的空间飞行器部件，为了模拟非稳态振动环境的破坏效果，得到所采用的稳态振动测试相对应的持续时间，取参数 b 等于 4[10]。

例如，假设 $b=4$，如果一个电器或电子设备暴露于一个均方根值 $\sigma_1=1$ 的稳态动载荷之下，该动载荷在谱值不变的前提下使其均方根值增加到 $\sigma_2=1.5$，那么新载荷达到相同的失效效果所需持续时间 T_2 与原始载荷所需持续时间 T_1 的关系为 $T_2=0.20T_1$，或者为原始暴露持续时间的 20%。如果使载荷的自谱在所有频率上增大$(1.5)^2=2.25$ 倍，也可以得到相同的效果。

5.1.2　基于 *S-N* 曲线的疲劳损伤模型

结构疲劳是一个相当复杂的课题,包括文献[7]中的断裂力学原理。然而,在高度简化的条件下,如果结构材料承受一个能够产生相当应力水平载荷的重复作用,那么这种累积破坏作用最终会导致产生裂纹,然后裂纹逐渐增大直至结构失效。所谓的能够产生破坏累积作用的相当应力水平,称为材料的"疲劳极限"或"耐久极限"。不同的结构材料的疲劳数据通常表述为作为失效载荷循环次数(N)的函数的峰值应力(S),即要求循环次数既能使结构产生裂纹,又能使裂纹生长到能够发生完全破坏的临界长度。这种数据图可以称为 *S-N* 曲线,如文献[11]~[15]中介绍了很多不同材料的 *S-N* 曲线。文献[16]中提出了有关金属 *S-N* 曲线的多种函数形式,但是为了估算需要,将 *S-N* 曲线理想化为 $\log S$ 对 $\log N$ 的函数形式下的两条直线,如图 5.1 所示。如果进一步简化,忽略疲劳极限,图 5.1 中的理想 *S-N* 曲线可以用表达 $\log S$ 与 $\log N$ 的函数关系的一条直线来定义,关系如下:

$$N = cS^{-b} \tag{5.4}$$

式中,b 和 c 为材料常数。注意,如果循环次数与失效时间 T 成比例,而且峰值应力 S 与动载荷的均方根值 σ_x 成比例,那么方程(5.4)简化成一个特殊情况,即方程(5.1)所示的逆幂律方程。因此,假设动载荷的谱不变,那么方程(5.2)和方程(5.3)都适用。

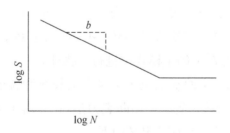

图 5.1　结构材料的理想 *S-N* 曲线

方程(5.4)中指数 b(有时可以称为疲劳参数)根据材料、形状(切口系数)、平均应力水平以及其他环境因素(如温度、侵蚀等)、振动特性(如周期性、随机性)的不同,其值变化很大;但是,对于无凹槽钢和铝合金,其值一般为 6~9。$b=9$ 的工况在文献[17]中明确加以介绍;在文献[18]中明确介绍了 $b=6.4$ 的工况;文献[19]中详细说明了正弦振动时 $b=6.4$ 和随机振动时 $b=8$ 两种工况。

　　值得一提的是,方程(5.4)忽略了材料的疲劳极限,即假设任何的动应力峰值都可以引起疲劳损坏,不论它的幅值有多小。实际上,在高于飞行环境标准下进行试验时,绝大部分或全部的应力峰值会得到高于疲劳极限的值,而在实际飞行环境下很多应力峰值都比结构材料的疲劳极限低。因而,当损坏机理是由于结构疲劳引起时,方程(5.2)和方程(5.3)具有保守性。然而,由于绝大多数疲劳破坏是在达到最高应力峰值时发生的,这种最高应力峰值可能高于在试验和维护环境下得到的结构材料的疲劳极限,这种保守的程度在绝大多数情况下并不过分。如果需要更精确的结果,可以运用文献[20]中详述的流程得到更多关于材料疲劳极限的讨论。

5.1.3　基于裂纹生长速率的疲劳损伤模型

　　在预测一种材料的疲劳寿命时,最大的不确定因素存在于形成裂纹的初始阶段。开始产生裂纹的时间受材料表面的光滑程度和环境因素影响非常大,尤其是文献[7]中提到的那些促进侵蚀速度的因素。一旦产生了裂纹,运用文献[7]中的断裂力学原理可以相当精确地预测裂纹的发展情况。因此,预测负载结构的疲劳寿命时通常假设存在一个小的裂纹,进而运用恰当的裂纹生长率模型来预测裂纹从开始增大到产生破坏的程度所需的时间。为了建立适当的裂纹生长速度模型,必须首先定义裂纹的两个原有特性。

　　(1)裂纹位移模式,即裂纹的两个表面的相对运动。通常发生在航天器部件上最常见的疲劳裂纹位移模式是,裂纹两表面的位移垂直于裂纹长度方向,这在图5.2以及文献[7]中的Ⅰ模式中进行了描述。

　　(2)裂纹位置,如一个面板上位于边缘上的裂纹和位于表面上的裂纹。图5.2中介绍了常见的裂纹位置。运用断裂力学,在暴露于动载荷之下的结构产生的裂纹的"应力强度因子范围"定义如下:

$$\Delta K = C \Delta S \sqrt{\pi a} \tag{5.5}$$

式中,ΔS 为裂纹附近的公称应力峰-峰之间的距离;a 为裂纹长度或深度参数(图5.2);C 为常数(对于小的贯通裂纹,$C=1$;小的边缘裂纹,$C=1.12$;小的表面裂纹,按照材料的峰值应力与屈服应力的比值,取 $C=1.12 \sim 1.25$。文献[7]中介绍了更多 C 的准确值)。

　　对应应力强度因子范围(ΔK),任何给定材料的裂纹增长速率(裂纹长度增速比周期,da/dN)依照对数-对数关系图 5.3。

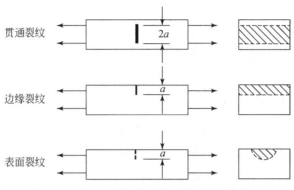

图 5.2　对于 I 裂纹位移模型常见的裂纹位置

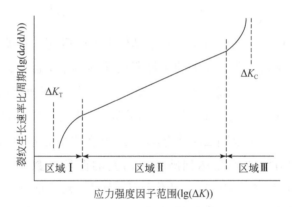

图 5.3　典型金属的裂纹生长速率与应力强度因子范围的函数曲线

如图 5.3 所示,$lg(da/dN)$与 $lg(\Delta K)$的函数曲线分为三个区域。区域 I 是 ΔK 的阈值区间,此 ΔK 会使裂纹增大,当 $\Delta K \leqslant \Delta K_T$ 时,裂纹不会增长(例如,文献[15]中对于铝合金 2024-T3,$\Delta K_T \approx 2.2$MPa)。区域 III 是 ΔK 值的临界区域,此区域内裂纹增长加速,直至材料完全断裂,当 $\Delta K = \Delta K_C$ 时,结构破坏(例如,文献[15]中对于铝合金 2024-T3,$\Delta K_C \approx 153$MPa)。区域 II 是中间区,在该区域上 $lg(da/dN)$与 $lg(\Delta K)$近似呈线性关系,因此裂纹生长速率大约为

$$\frac{da}{dN} = A\,(\Delta K)^m \tag{5.6}$$

式中,A 和 m 为常数(参照文献[11]～[15]中更多 da/dN 和 ΔK 之间的确切关系)。对于复杂或随机应力时间历程,在文献[7]中,方程(5.6)中的 ΔK 可以用应力强度因子范围的均方根值来代替,即

$$\Delta K \approx \Delta K_{\mathrm{rms}} = \sqrt{\sum_{i=1}^{N} \frac{\Delta K_i^2}{N}} \qquad (5.7)$$

式中，$\Delta K_i = C\Delta S_i \sqrt{\pi a}$，$\Delta S_i$ 是指应力时间历程中第 i 个应力周期的峰-峰值（$i = 1, 2, \cdots, N$）。一个应力周期及其峰-峰值通常可以运用文献[21]中的"雨流"计算流程进行计算，该程序把复杂或随机应力时间历程与裂纹生长速率联系起来，系统地简化成 N 个独立的应力循环。

对于不同类型的金属，方程(5.6)中常数 A 和 m 的值有所差别，但是对于同一种金属的不同合金来说区别很小。例如，对于符合方程(5.6)的不同种类高强度铝合金，其裂纹生长速率的数据为 $11\mathrm{MPa} < \Delta K < 33\mathrm{MPa}$。具体公式如下：

$$\frac{\mathrm{d}a}{\mathrm{d}N} \approx 1.5 \times 10^{-10} (\Delta K)^{2.5} (\mathrm{m/cycle}) \qquad (5.8)$$

同样，常数 A 和 m 的值对于作用于结构上的静载荷并不敏感（平均应力水平）。然而，平均应力对图 5.3 中的区域Ⅲ的影响显著，也就是平均应力越大，ΔK_{C} 的值越小。更多针对特定材料准确的裂纹生长速率模型可参考文献[7]、[12]~[15]，其中包括宇航飞行器结构和设备上常用的 2024-T3 和 7075-T6。

由于应力强度因子范围 ΔK 中包含裂纹长度的平方根值，方程(5.6)必须通过反复迭代的方法来预测达到破坏所需要的循环次数（参看文献[7]的说明）。在计算机上很容易完成这一迭代计算，而且针对宇航飞行器结构，预测保守疲劳寿命的裂纹生长速率模型是可用的。然而，在按照低应力水平下的循环次数，缩比到在高应力水平下的循环次数时，需要按照净裂纹增长来产生相同的破坏程度，因此 ΔK 对裂纹长度的这种依赖使得方程(5.6)并不实用。

5.1.4　首次穿越模型

产品结构元件的应力或运动超出了极限值会导致某些类型的失效。例如，当一个开关或继电器相应位置的瞬时加速度产生的惯性载荷超出了其控制开关闭合的力时，就会被打开；或者电子部件中的两块振动电路板会由于它们的距离瞬时小于零而相互碰撞。在这些例子中，如果部件对于一个动载荷的响应是周期性的，那么失效现象或者在第一个响应周期发生，或者不发生。也就是说，失效机理与时间无关。然而对于稳态随机载荷，超出临界响应值的概率随着暴露所持续时间的增加而增大，这一点正如图 5.4 所示。特殊情况下，令

$x(t)$为响应参数(即加速度、位移、应力等),$x(t)$的均值为 $0(\mu_x = 0)$。假设临界量级 X 的各交点在统计意义上是独立的(不相关的),在暴露持续时间 T_X 中响应会超出临界量级 X 至少为一次的概率如文献[3]中表述:

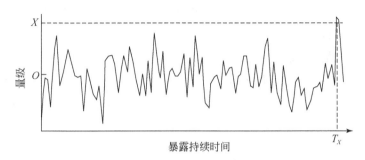

图 5.4　随机载荷临界量级的超出数

$$P(T_X) = 1 - \exp(-v_x^+ T_X) \approx v_x^+ T_X, \quad P(T_X) < 0.1 \qquad (5.9)$$

式中,v_x^+ 是临界量级 X 的上部交点的每秒平均数。如果进一步假设响应 $x(t)$ 具有自谱 $G_{xx}(f)$(详见 1.2.5 节)和标准偏差 σ_x(详见 1.2.3 节)且服从正态分布(高斯的),那么方程(5.9)变为[22]

$$P(T_X) \approx v_0^+ T_X \exp\left(-\frac{X^2}{2\sigma_x^2}\right) \qquad (5.10)$$

其中,v_0^+ 是每秒向上穿越零线($x(t)$的均值)次数的平均数,表达式为

$$v_0^+ = \left[\frac{\int_0^\infty f^2 G_{xx}(f)\,\mathrm{d}f}{\sigma_x^2}\right]^{1/2} \qquad (5.11)$$

$x(t)$超越临界量级 X 的期望时间为

$$T_X \approx \frac{P(T_X)}{v_0^+}\exp\left(\frac{X^2}{2\sigma_x^2}\right) \qquad (5.12)$$

通常假设 $x(t)$由设备元素的单共振模态(对应着简谐振子)控制,以进一步简化方程(5.12),这样也就产生了一个窄带响应,它的中心频率就是 f_n,即振子的自然频率。对于此情况,方程(5.11)中 $v_0^+ \approx f_n$,且方程(5.12)变为

$$T_X \approx \frac{P(T_X)}{f_n}\exp\left(\frac{X^2}{2\sigma_x^2}\right) \qquad (5.13)$$

在方程(5.12)和方程(5.13)中,T_X 通常被解释为无故障工作时间,而失效时间是由 T_F 表示的。应该注意到的是,在方程(5.12)中需要满足的统计学上的独立假设和方程(5.13)导出的窄带响应假设是有一个基本冲突的,也就是

说,窄带随机信号中超越任何量级 X 的并不是统计意义上独立的[3]。然而,已经在未发表的使用结构的模拟计算机模型的研究中证明了,在时间段 T_X 内,即使是在窄带响应情况下,若临界量级不小于响应均方根值的四倍,即 $X \geqslant 4\sigma_x$,方程(5.13)可以产生一个可接受的概率近似值。图 5.5 中展示的是,对一个阻尼为 5% 的简谐振动, $P(T_X)=0.05$ 的临界量级第一个交点的经验数据与方程(5.13)中的预估的比较。举例来说,如果结构响应是一个阻尼为 5%、中心频率为 $f_n=100\text{Hz}$ 的谐振,那么,在 $T_X \approx 1.5\text{s}$ 时,将会有 5% 的概率超过指定量级 $X/\sigma_x=4$,或是在 $T_X \approx 134\text{s}$ 时,将会有 5% 的概率超过指定的量级 $X/\sigma_x=5$。

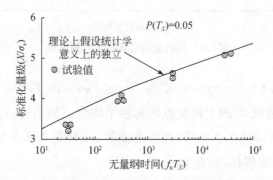

图 5.5　在概率 5% 前提下,首次超越临界量级的试件

根据方程(5.12)或方程(5.13),两个谱成分相同(v_0^+ 或 f_n 为常数)但均方根值不同的随机响应的作用时间可通过下面的方法进行缩减,以获得相同的失效危险性:

$$T_2 = T_1 \exp\left[\frac{K^2}{2}\left(\frac{\sigma_1^2}{\sigma_2^2}-1\right)\right], \quad K=\frac{X}{\sigma_1} \tag{5.14}$$

举例来说,如果一个稳态高斯随机振动响应的均方根值 $\sigma_1=1$,而它的均方根值增加到 $\sigma_2=1.5$,并且将出现失效的量级指定为 $X=4$,对于加大响应量级后的持续时间段 T_2 将会产生与增加量级前持续时间段 T_1 同样的失效概率,而 $T_2=0.012T_1$,仅为原作用时间段的 1% 左右。

使用方程(5.10)的首次穿越模型的失效时间预估将会导入两个主要的问题:

(1)该模型需要知道会导致失效的量级 X 的相关知识。这样的信息在有些情况下是有的,而在有些情况下是未知的。

(2)该模型最被诟病的是假设结构响应中超越四倍标准差的瞬态值是高斯

分布的。即使是响应中存在较小的周期成分,或是设备有很小的非线性特性,都会在失效时间的预估工作中造成实际的错误。

5.1.5　评估

为了达到缩减振动环境作用时间的目的,基于裂纹生长速率的疲劳损伤模型(5.1.3 节)和首次穿越模型(5.1.4 节)都是不被推荐的。因为航天运载工具中涉及电气电子元件,所以 5.1.1 节中提到的逆幂律模型中推荐对所有类型的振动使用 $b=4$,除非有有效的数据证明使用其他值是合适的。对承载结构而言,5.1.2 节中讨论的基于 $S\text{-}N$ 曲线的疲劳损伤模型中推荐对所有振动取 $b=8$,与前相似,使用其他值需要有效的数据证明其适当性。

5.2　短时噪声与振动载荷的持续时间

表 5.1 中提到的发射事件包含瞬态和短时噪声与振动载荷。建议采用如下做法:一是为设计和试验目的而模拟的所有瞬态载荷使用瞬态激励,该激励的幅值为所考察瞬态事件的保守估计(参考第 4 章);二是谱成分和持续时间与所考察的瞬态事件也是相类似的。产生短时噪声或振动环境条件的发射事件通常是非稳态的,但是这些事件产生的载荷可通过典型的稳态噪声或振动激励来模拟,这个激励的量级与非稳态过程的最大谱相关。问题主要在于如何确定一个合适的稳态激励的持续时间来模拟上述非稳态噪声与振动环境条件。

5.2.1　近似流程

与关键发射事件(起飞、跨音速段飞行、最大动压段)密切相关的非稳态噪声与振动环境条件通常显示出下面特性:短时平均均方根值在时间上表现为先增大再从最大值减小,如图 5.6 所示的典型的航天飞机发射振动数据。为了将非稳态事件简化为以事件发生期间最大量级为基准的稳态激励,通常通过计算非稳态事件中时变均方根值低于最大均方根值的指定分贝数的点之间的时间段,来建立一个与非稳态事件等效的稳态区间,如图 5.7 所示。用来确定等效稳态区间的低于最大均方根值的具体分贝数通常是任意选取的,最常选择的是 1dB、2dB、3dB。然而,使用 5.1 节中讲述过的损伤模型之一可以进行定量选择。

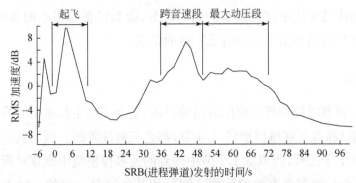

图 5.6　航天飞机发射期间典型的振动测量的 RMS 值

特别需要指出，在非稳态发射事件中可假设噪声或振动载荷的均值为零。

（1）载荷的时变均方根值由 $\sigma_x(t)$ 表示，在非稳态事件期间随半正弦函数的形式变化，具体如下：

$$\sigma_x(t) = \sigma_{\max} \sin\left(\frac{\pi t}{P/2}\right), \quad 0 \leqslant t \leqslant \frac{P}{2} \tag{5.15}$$

式中，$\sigma_{\max}$ 为均方根值的最大值；$P/2$ 为正弦波的半周期。

（2）动力学载荷的谱成分（时变自谱的谱形）在非稳态事件期间不产生变化。

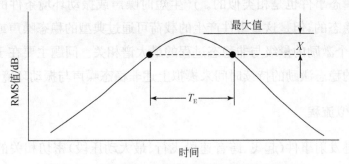

图 5.7　为非稳态时间确定相应的等效稳态区间

使用方程（5.1）中的逆幂律模型或方程（5.4）中的疲劳损伤模型，可以产生一个等效的稳态噪声或振动环境条件，它造成的损伤与方程（5.15）中定义的时变的环境条件是相同的，表达式如下：

$$T_E = \int_0^{P/2} \left[\frac{\sigma_X(t)}{\sigma_{\max}}\right]^b \mathrm{d}t = \int_0^{P/2} \sin^b\left(\frac{\pi t}{P/2}\right) \mathrm{d}t \tag{5.16}$$

方程（5.16）的解给出当 $b=4$ 时，$T_E = 0.375P/2$（5.1.5 节中推荐的设备所需指数），当 $b=8$ 时，$T_E = 0.273P/2$（5.1.5 节中推荐的结构所需指数）。注意

到方程(5.15)中时变均方根值的最大值,这些持续时间对应着均方根最大值左右两端指定时变 RMS 值两点的时间间隔,表 5.2 中总结了这些时变 RMS 值。

表 5.2 用来限定产生等效损伤的稳态环境区间的噪声或振动环境条件的时变 RMS 值

指数值(b)	相对 RMS 值最大值的时变 RMS 值	
	期望值	推荐的保守值
$b=4$	−1.6dB(最大值的 83%)	−2dB(最大值的 79%)
$b=8$	−0.83dB(最大值的 91%)	−1dB(最大值的 89%)

从表 5.2 中可以看出,如果是为设计或测试电气或电子设备($b=4$)在非稳态飞行环境条件下等效稳态的噪声或振动环境条件,稳态设计或试验环境条件的均方根值等于非稳态飞行环境条件的最大均方根值,低于最大均方根值 2dB 的两个均方根值点时间间隔应被用来建立等效稳态环境条件的持续时间。对结构而言,$b=8$,应该使用低于最大均方根值 1dB 的两个均方根值点时间间隔。

实际上,如何确定对应于非稳态的飞行事件的等效稳态持续时间,这取决于指定噪声和(或)振动时间历程测量,文献[23]中详细讲述了如何计算每个测量的时变均方根值的过程,文献[23]是文献[24]进一步分析的基础。当从几次飞行中测得几次同种非稳态事件的数据,等效稳态持续时间应在所有或一个有代表性的样本上进行评估。为了确保其保守性,在设计和试验过程中,从不同测量值计算而来的最大持续时间应被用作定义稳态噪声或振动环境的持续时间,这里假定没有更长的持续时间能够被指定。

5.2.2 数值计算流程

比起方程(5.15)中给出的各种发射事件中非稳态噪声或振动环境条件的时变特性的简化方法,有更精确的等效稳态持续时间可以通过下面的方法来确定:将每次飞行事件期间的时变均方根值替换为方程(5.16)中的形式,并通过数值积分的方法来求解等效稳态区间 T_E。因为方程(5.16)中的指数 b 取大值,所以足够对那些在最大均方根值一半的范围内变化的均方根值进行数值积分。图 5.8 为航天飞机起飞期间有效载荷机架振动测量值得到的时变均方根值曲线图。在该图中,用一个时间段(0.5s)的指数加权平均法来计算时变的均方根值,0.5s 为一个时间段是与文献[23]中讲述的方法相关联的,该方法针对的是如何最优化确定航天飞机起飞振动数据的平均时间。

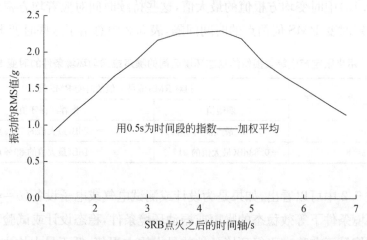

图 5.8　在航天飞机起飞段的有效载荷机架的时变均方根值

对图 5.8 中数据进行数值积分分别得到当 $b = 4$、$T_E = 2.6s$ 和 当 $b=8$、$T_E=1.9s$ 两种工况的等价持续时间。结合表 5.2 中的保守值,运用 5.2.1 节中的近似方法得到分别当 $b = 4$、$T_E = 2.4s$ 和 $b = 8$、$T_E = 2.0s$ 两种工况的等价持续时间。结果吻合相当好(8%之内),这证明了 5.2.1 节中的近似方法在一般情况下是可以得到较为准确的等效时间的。

如 5.2.1 节中所介绍的,对于相同非稳态事件的不同飞行过程,可以采用多种测量方法。此外,对于等效的稳态持续时间,可以运用所有或一个有代表性的方法来计算。假设没有更长的持续时间能够被指定,应该用各种方法计算得到的最长持续时间来定义稳态噪声或振动环境的持续时间,为设计和试验所用。

5.2.3　多次飞行事件的过程

5.2.1 节和 5.2.2 节中详细讲述了针对非稳态飞行事件的等效稳态的选择过程通常会独立地用到每个重要飞行事件中,也就是起飞、跨音速段飞行和最大动压段飞行(图 5.6)。对于设计目标,可独立进行评估计算各独立事件的最大量级和等效稳态过程,以达到最终的设计。然而,针对试验目的,通常希望仅有一个拥有独立试验谱值的噪声或振动试验来表征整个飞行环境条件。单独的试验谱值可通过简单确定最大谱峰来建立,即各独立事件最大谱峰的最大值,它是针对所有事件的。通过下面方法可以确定单独的等效持续时间。

(1)针对每个独立事件计算其等效稳态过程和最大谱峰；

(2)如果各种事件的最大谱峰拥有相类似的谱成分：

①对每个事件计算最大均方根值(最大谱峰下面积的均方根值)。

②运用方程(5.2)将每个事件的等效稳态过程放大到各个事件的最大均方根值，要注意的是，需要选用合适的指数b，就像5.1.5节中推荐的一样。

③将上述放大过后的等效稳态过程进行累加，以获得整个飞行的总持续时间。

(3)如果各个事件的最大谱峰的谱成分有显著的不同：

①将各个事件的最大谱峰的频域分成频率增量，在各频率增量部分中最大谱值拥有相类似的谱成分。

②对每个频率增量，运用公式(5.3)将每个事件的等效稳态过程缩比到各个事件最大谱值，要合理的选择指数b，如5.1.5节中推荐的那样。

③将上述的放大过后的针对每个频率增量的等效稳态过程进行累加。

④在各种频率增量中选取最大的总等效稳态过程以获得整个飞行的总持续时间。

在许多的例子中，航天器的短时噪声与振动环境主要是受一个单独事件期间的环境影响的。例如，整流罩内的有效载荷，或者发射飞行器的有效载荷支架的噪声与振动环境通常在起飞阶段在所有频率上是最严酷的，这个阶段相对应的等效稳态持续时间少于3s(参考5.2.2节中的例子)。在这种情况下，即使将更长的持续时间事件(即最大动压段的飞行)缩比到最大飞行量级后，整个飞行的总等效稳态持续时间可能就是短短的几秒钟。因此，实践中，为了与建立的试验谱相关联，需要使用一个真实的试验持续时间，这个时间可能会长于计算所得的整个飞行的等效稳态持续时间。然而无论如何，要避免最终的试验标准超过航天器设备的设计标准。

5.2.4　评估

当非稳态飞行事件中非稳态噪声与振动测量值的估算值可以以数值形式使用时，推荐运用5.2.2节中详细讲述的数值计算流程来获取稳态激励的适当的持续时间，这样可以模拟时变飞行环境可能造成的损伤，此时，稳态激励的均方根值等于时变环境条件的最大均方根值。然而，当可以运用的非稳态测量，对于5.2.2节中提到的方法所需要的数值积分来说，应用并不方便的话，可以利用 5.2.1 节中的近似方法来得到满足要求的值。

作为短时非稳态噪声与振动载荷的一个结论是,当它被用于设计或试验标准时,所得的等效稳态持续时间应该乘以一个分散系数 4。另外,必须强调一下,NASA-STD-7001 指定了噪声与振动试验的最小持续时间。这些指定的持续时间是高度保守性的,通常会超过从这里的方法中获得的那些值,并且即使是在乘了一个分散系数 4 之后。因此,对 NASA 正在开发的大多数航天飞行器和它们的组件而言,NASA-STD-7001 指定的持续时间是非常成功和实用的。

5.3　长时间噪声与振动载荷的持续时间

列于表 5.1 中的长时间噪声与振动环境也有可能是稳态的(也就是说,由飞行中设备操控导致连续载荷),但是更普遍的情况是长时间的环境是非稳态的。因为设计与试验的目的,这样的环境持续时间常通过方程(5.2)或方程(5.3)简化,即将最小级别的噪声振动缩比到整个长时间环境作用的区间中最严酷的声振级别。这样的缩比过程,对于声振载荷在一个非常大的范围内波动时是非常有效的,但是在谱成分方面是不充足的,在谱成分上预先假定主要的失效机理符合在方程(5.1)和方程(5.4)中分别给出的逆幂律或疲劳损伤模型。例如,考虑一个有效载荷,为了安装于运载火箭,要经过 25h 的卡车运输。假设这个有效载荷所期望的振动环境的峰值点已如表 5.3 中概括的那样。再假设方程(5.2)中的 $b=4$,在各种运输条件下的振动谱形有相类似的形状。表 5.3 表明在 25h 运输振动载荷作用下可用 1.5h(90min)的稳态振动过程来模拟,这个稳态过程的量级为运输振动中的最大值。

表 5.3　运输模拟

路段类型	该路段持续时间	该路段振动的 RMS 值	对路段 A 的等效持续时间/h
A(没有铺柏油的 2 级路)	1	3	1.0
B(铺柏油的 2 级路)	4	1.6	0.3
C(1 级公路)	8	1.0	0.1
D(主干道)	12	0.9	0.1
对路段 A 的总的等效持续时间			1.5

对那些谱成分以及各个物理量的量级在环境条件作用期间变化的振动环境,表5.3中展示的等效持续时间的计算必须用基于频率-频率的方程(5.3)来完成,或是用第3章中类似的表达式来描述粗略的谱。结果就是在每个频率值都会产生不同的稳态持续时间,正如5.2.3节中讨论的那样。多数情况下,保守来讲,设备的设计和试验应该基于在所有频率下计算而得出的最长的等效稳态持续时间。

无论长时间作用的噪声与振动环境的谱成分是否变化,都会在等效稳态过程的计算过程中存在潜在的错误,那就是在方程(5.2)或方程(5.3)中假设了指数 b 的值。然而,大多数由飞行器设备处于非稳态噪声与振动环境条件而产生的与时间相关的损伤发生在最大量级的时刻,这仅是全部环境条件持续时间的很小的一段时间(参考表5.3)。在这些情况下,通过方程(5.2)或方程(5.3),用缩比到最大量级的方法来简化相应的较低严酷度振动的长持续时间,并不会引入严重的错误,即使方程中的指数并不十分精确。

5.3.1　加速噪声与振动试验

从试验的观点来看,将非稳态噪声或振动环境条件中较低严酷等级的时间段,缩比到通过环境的最大量级产生的稳态量级的试验,其时间仍旧太长而可能并不实用。也就是说,由表5.3中25h的运输环境试验计算而得的90min的试验持续时间对于试验目的而言还太长。在这些情况下,通常会采用加大试验量级(超过全部环境条件的最大量级[5])的方式,来进一步缩减试验的持续时间。实际上,在保证没有超过被测试的设备的强度极限的前提下,如果在方程(5.2)中的均方根试验量级没有限制,试验持续时间理论上可以任意短。然而,增加试验量级(超过所考察的噪声或振动环境条件产生的最大量级)会在试验结果中引入较大的不确定性,尤其是,如果设备是由不同的材料或是与电气、电子,亦或是光学组件组成时。问题在于一些组件的失效机理并不满足于方程(5.2)中的缩比定律,而且即使所有的失效机理都满足方程(5.2),指数 b 将在不同组件之间变化。因此,运用方程(5.2)通过增加试验量级来加速试验的方法可能会导致一些设备的组件欠试验,而另外一些组件过试验。因此,在加速试验期间的结果可能会出现非代表性的失效[9]。

5.3.2　耐久性和功能性试验

为了防止加速试验对结构引起非典型性的破坏,对于长时间的噪声或振动环境,通常的做法是分为两个独立的试验来执行,即一个耐久性试验和一个功能性试验。耐久性试验是为了揭示出仅与时间轴相关的失效,并且它以某个特定损伤机理为基础,采用加速试验来模拟整个长时段声振环境带来的相同的损伤,也就是方程(5.2)。在耐久性试验期间,并不需要设备完成功能,并且所有的与时间无关的失效都将被忽略。单独的功能性试验是为了暴露与时间无关的失效(也就是仅与噪声或振动级别有关的失效),尽管在长时间噪声或振动环境中,试验严酷度一般会超过最大期望的级别,但功能测试并不是一种加速试验。测试期间需要设备运转,但是因为所关注的失效为非时间相关的,也就是说,试验的时间通常取决于操控设备完全运转的时间,并验证其是否能正确地履行它的指定功能。

5.3.3　环境作用时间和设计准则

当为设计目的而计算动力学载荷作用时间时,在总的作用时间中必须包含所有计划中的噪声和振动试验的持续时间,以及瞬态载荷的次数。这对重新整修后再承受反复性验收试验的设备来说是尤为重要的。例如,一个空间站上可能会有很多设备每隔一段时间将会返回地面进行翻修,并且更换某些部件和组件,但是都会保持设备的基础结构。因为这样的设备会在每次翻修后进行飞行的验收试验,所以为设备基础结构而制定的设计标准作用时间中必须包含飞行验收试验的预期总次数以及将设备返回空间站的发射环境。在设备的鉴定试验的持续时间中也应该反映出这个总的作用时间。

参 考 文 献

[1] Hine M J. Controlling conservatism in transient vibration testing. Proceedings of the 15th Aerospace Testing Semninar,1994.

[2] Hu J M,Baker D,Dasgupta A,et al. Role of failure-mechanism identification in accelerated testing. Journal of IES,1993,36(4):39-45.

[3] Crandall S H,Mark W D. Random Vibration in Mechanical Systems. New York:Academic Press,1963.

[4] Preumont A. Random Vibration and Spectral Analysis. Dordrecht:Kluwer Academic,1994.

[5] Nelson W. Accelerated Testing. New York:Wiley,1990.

[6] Stallmeyer J E. Mechanical Properties of Metals Used in Equipment Design//Harris C M. Shock and Vibration Handbook. 4th ed. New York:McGraw-Hill,1995.

[7] Barsom J M,Rolfe S T. Fracture and Fatigue Control in Structures. 2nd ed. Englewood Cliffs: Prentice-Hall,1995.

[8] Wirsching P H,Paez T L,Ortiz K. Random Vibrations. New York:Wiley,1995.

[9] Meeker D B,Piersol A G. Accelerated reliability testing under vibroacoustic environments//Kana D D,Butler T G. Reliability Design for Vibroacoustic Environments. New York:ASME,1974.

[10] Anon. Test Requirements for Booster,Upper-Stage,and Space Vehicles. MILSTD-1540C,1994.

[11] Frost N E,Marsh K J,Pook L P. Metal Fatigue. London:Oxford University Press,1974.

[12] Boyer S R. Atlas of Fatigue Curves. Metals Park:American Society for Metals,1986.

[13] Anon. Metallic Materials and Elements for Aerospace Vehicle Structures. Military Standardization Handbook MIL-HDBK-5E,1988.

[14] Symonds J. Mechanical properties of materials//Avallone E A. Baumeister Ⅲ T Marks' Standard Handbook for Mechanical Engineers. 9th ed. New York:McGraw-Hill,1987.

[15] Rice R C,Davies K B,Jaske C E. Consolidation of Fatigue and Fatigue-Crack-Propagation Data for Design Use. NASA-CR-2586. Washington DC:National Aeronautics and Space Administration,1975.

[16] Heywood R B. Adesigning Against Fatigue. London:Chapman and Hall,1962.

[17] Curtis A J,Tinling N G,Abstein H T. Selection and Performance of Vibration Tests. SVM-8,Shock and Vibration Information Analysis Center,1971.

[18] Steinberg D S . Vibration Analysis for Electronic Equipment. 2nd ed. New York:Wiley,1988.

[19] Anon. DOD Test Method Standard for Environmental Engineering Considerations and Laboratory Tests. MIL-STD-810E,1995.

[20] Himelblau H, Fuller C M, Scharton T D. Assessment of Space Vehicle Aeroacoustic-Vibration Prediction, Design, and Testing. NASA-CR-1596. Washington DC: National Aeronautics and Space Administration,1970.

[21] Dowling N E. Fatigue failure predictions for complicated stress-strain histories. Journal of Materials,1972,7(1):1-17.

[22] Bendat J S,Piersol A G. Random Data: Analysis and Measurement Procedures. 3rd ed. New York:Wiley,2000.

[23] Himelblau H,Piersol A G,Wise J H,et al. Handbook for Dynamic Data Acquisition and Analysis. IES-RP-DTE012. 1. Institution Environment Science,Mt Prospect,IL,1994.

[24] Bendat J S,Piersol A G. Engineering Applications of Correlation and Spectral Analysis. 2nd ed. New York:Wiley,1993.

第6章 设计与试验准则

6.1 概 述

设计与试验准则的主要目的是为系统设计服务,从而确保结构和硬件从各生产点到任务完成的完整性。当然,最终目标是系统在整个任务周期内的成功运行。如图 6.1 所示,在飞行前的设计过程中,设计准则通过特定设计阶段要求来保证最终目标的实现。这些阶段通常通过完成特定的结构分析或试验来实现。

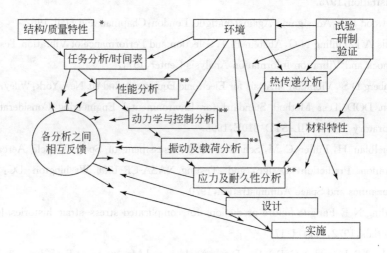

图 6.1 航天器系统设计过程

*假设结构已经确定;**所有领域的固有的生成模型是基于简化假设和专门的计算机代码

6.2 低频振动和瞬态响应

航天飞行器结构和硬件设计师必须仔细考虑之前章节(特别是第 2~5 章)所列出的所有载荷和环境。设计准则如何融合到设计过程中是由航天器或硬件所处的不同阶段(早期、中期和后期)决定的。如图 6.1 所示,设计过程几乎总是反复迭代的,要获得一个既高效又经济的设计需要团队合作。因此,设计和试验准则通常随着设计步伐的前进而改变。

多数机构在一开始独立考虑每种载荷时都倾向于采用比较大的设计余量,在考虑不同载荷综合和(或)依次作用以后,再将设计余量降到可接受的最小值。另一些机构采用挑选程序完成系统设计目标。表 6.1 给出了运输和操作载荷一般常用的极限载荷因子。除非进行了特殊保护,确保与飞行载荷相比该载荷造成的破坏可忽略,否则这类载荷必须考虑在内。下文将分别对初期和早期设计、后期和最终设计等设计过程进行讨论,并总结设计余量,给出试验准则以及与设计准则之间的关系。

表 6.1　运输和操作载荷常用极限载荷因子[1]

介质/方式	纵向载荷因子(g)	横向载荷因子(g)	垂直向载荷因子(g)
水上运输	±0.5	±2.5	+2.5
空中运输	±3.0	±1.5	±3.0
地面运输			
卡车	±3.5	±2.0	+6.0
铁路(驼峰冲击)	±6.0~±30.0	±2.0~±5.0	+6.0~+15.0
铁路(辊轧)	±0.25~±3.0	±0.25~±0.75	+0.2~+3.0
低速移动的拖车	±1.0	±0.75	+2.0

6.2.1　设计准则

1. 静载荷和动载荷

航天器结构和硬件在设计和试验时必须同时考虑基于任务剖面和系统性能分析的静载荷,与静载荷依次或者共同作用的动载荷以及 1.3 节总结的其他动载荷,需要乘以一定的安全系数。如表 6.2~表 6.6 所示[2],这些安全系数通常根据材料的类型,设计和(或)试验的用法以及临界状态等确定(计划用"不试验"方法的 NASA 项目通常必须采用更高的安全系数,并且需制定项目专属的准则和理论基础便于 NASA 相应的责任中心进行评估和批准)。最大应力需与材料允许的强度特性进行比较,以确定是否满足安全设计。对疲劳而言,在使用载荷系数时应根据循环次数选择设计余量或者分散系数 4.0。正如图 6.1

所示,为了最终获得期望的最优费效比,以上过程几乎总是反复迭代的。

表 6.2　金属结构最小设计和试验系数

验证途径	极限设计系数	屈服设计系数	鉴定试验系数	验收或验证试验系数
初样	1.4	1.0*	1.4	不要求或 1.05**
正样	1.4	1.25	不要求	1.2

* 必须评估确认结构不会在飞行、验收或者验证试验中造成有害的屈服变形;
** 仅适用于推进剂贮箱和固体火箭发动机。

表 6.3　紧固件和预紧连接的最小设计和试验系数

验证途径	设计系数			试验系数	
	极限强度	连接分离		鉴定试验	验收或验证试验
		安全临界值*	其他		
初样	1.4	1.4	1.2	1.4	不要求
正样	1.4	1.4	1.2	不要求	1.2

* 对有内压或者含危险材料的结构连接的最小安全临界值。

表 6.4　复合材料结构的最小设计和试验系数

验证途径	结构的几何形式	极限设计系数	鉴定试验系数	验收或验证试验系数
初样	不连续体	2.0*	1.4	1.05
	均质材料	1.4	1.4	1.05
正样	不连续体	2.0*	不要求	1.2
	均质材料	1.5	不要求	1.2

* 表中安全系数用于有集中应力的情况,对于通常情况,这些系数可以减小,初样飞行件采用 1.4 和正样飞行件采用 1.5。

表 6.5　玻璃的最小设计和试验系数

验证途径	加载状态	极限设计系数	鉴定试验系数	验收或验证试验系数
正样	不增压	3.0	不要求	1.2
	增压	3.0	不要求	2.0
仅用于分析	不增压	5.0	不要求	不要求

表 6.6　结构玻璃粘接的最小设计和试验系数

极限设计系数	鉴定试验系数	验收或验证试验系数
2.0	1.4	1.2

　　金属和复合材料的强度特性(分别见文献[3]和[4])通常是根据以下四种方法对测量数据进行处理得到的:①原始数据和(或)典型值;②采用 95% 置信度对最低 99% 的数据统计分析(简称 A 基准);③采用 95% 置信度对最低 90% 的数据统计分析(简称 B 基准);④用其他百分比和置信度进行统计分析(简称 S 基准),包括疲劳、裂纹扩展、断裂和蠕变数据,以及主要的拉伸、压缩和剪切屈服和极限强度。其他相关参考也应该按要求使用。结构分析时必须考虑应力集中(如紧固件和连接件附近),除非能证明局部屈服不会不利于结构的连接、形式或完整性。

　　概率统计法在结构分析上的应用已经由美国空军及其承包商在 NASA 和商业用户使用的相同的运载火箭上成功实现。从设计角度出发,对飞行数据用较高的统计置信度建立设计系数,或者利用多种极限恶劣的载荷情况来建立极端恶劣的情况。当然,也有人认为前面给定的设计和试验系数已经足够补偿强度分析中的不确定性,不必进行基于统计的载荷分析。然而,作为给定安全系数的补充,每个 NASA 中心都有权在某个独立项目的基础上批准一个概率准则。

　　2. 不稳定性

　　只要有可能,航天器系统潜在的不稳定性都应该避免。然而,这并不是总能实现的。第 1 章已经讨论,引起航天器系统不稳定的来源主要包括:①动静载荷引起的结构屈曲和结构局部失稳;②固体发动机和液体发动机的燃烧不稳定;③涡轮机械的转子动力学;④平板、机翼、控制面,以及涡轮和压缩机的叶片等引起的颤振;⑤贮箱的控制系统/液体晃动相互作用;⑥液体火箭发动机和箭体结构的 POGO 振动作用;⑦着陆时轮子的旋转和摆动。

　　某些情况下失稳造成的后果可能是灾难性且不可接受的,另一些情况下在允许的设计余量内可能会出现极限环。大多数情况下,在达到极限环时,振动接近稳态或缓变,且呈正弦而不是瞬态或随机。所有情况下,需要进行稳定性分析从而确定系统的状态:①稳定的;②不稳定但是在可接受的载荷极限内;③超过许用载荷极限的不稳定的极限环状态。在这些分析和稳定性评估时考虑所有的不确定性因素是非常重要的。

6.2.2　方案和初样设计阶段

1. 一般考虑

在一个项目的初步设计阶段可能会遇到以下三种情况：

(1)新结构或硬件的功能和设计与之前项目相似或者相同。

(2)新结构或硬件的功能和设计部分继承之前项目。

(3)新结构或硬件的功能和设计与之前项目没有任何相似。

第一种情况基本是最容易的，因为有之前的设计和试验数据可以借鉴和参考。通常可以在之前和新的外力函数和外部环境/动响应，以及设计余量和试验结果之间使用比例关系来确定设计是否满足要求。因此，载荷循环迭代次数通常可以大大减少。而且，基于结构或硬件的相似性，以及新旧设计和试验准则的比较，新的试验可以考虑取消。

第三种情况是最困难的，因为设计团队成员需要从零开始。通常设计阶段早期就需要关注大量细节问题，从而导致设计周期长且花费大。因此，使用多次载荷分析循环（常见为三次）来实现相应的设计是很常见的。另外，详细的试验计划也是必需的，特别是对新遇到的任务事件，如行星着陆或者贯入。第二种情况则是明显介于这两种之间。

设计团队的经验和体会常常是获得高费效比的关键。一般而言，经验丰富的设计人员能够基于经验判断以避免动力学设计问题，而新手必须常常依赖计算机辅助设计工具和有经验的人员帮助。一般初期和早期设计的结束以一次或多次初样评审（PDRs）为标志。

2. 特殊要求

有效载荷定义为由运载火箭送入太空完成空间任务的综合系统。航天器是一种能在多数或者全部任务周期内完全独立运行的一类独立的有效载荷。因此，航天器通常比其他有效载荷具有更多配套的分系统，如独立的能源、推进和控制分系统。

对于 NASA 的有效载荷，特别是用于载荷分析的数学模型的保真度，NASA 有相关的强制要求。在早期的载荷分析循环时，该要求推荐采用最小 1.5 倍的不确定系数，在后续循环中可逐渐减小，同时要求运载火箭部门提供发射过程中相应事件(如起飞、发动机关闭、风载和级间分离)的力函数。

这些力函数必须包络飞行实测数据和载荷响应,且满足 99.87%(3σ)的概率不被超过。对于大型有效载荷,通常给定最小的固有频率以免结构与控制系统发生耦合。

有效载荷的主承力机构的初步尺寸是基于运载火箭机构提供的载荷系数设计的。这些载荷系数必须作用于有效载荷的质心,并且基于设计载荷数据库和相似型号的分析以及飞行数据。有效载荷的硬件或设备的初步设计一般利用物理质量-加速度曲线(MAC 曲线),如图 6.2 所示或类似数据表的载荷系数。从 MAC 曲线或者表格可以发现硬件在低频的响应加速度通常与其质量成反比,这些数据是基于早期的飞行和试验数据分析和经验的综合。应该注意到的是 MAC 值与结构相关。

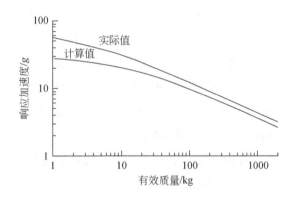

图 6.2 航天飞机发射的伽利略号航天器的 MAC 曲线

在明确了有效载荷结构和硬件的尺寸以后,必须建立数学模型进行载荷分析循环,从而确保结构完整性和质量最小。在低频段,有效载荷的数学模型几乎总是有限元模型(FEM),然而对于某些大型有效载荷,还会给出在部分高频段的统计能量分析(SEA)或者边界元模型(BEM)。通常在 200~100Hz 频段内,谱重叠是正常的。然而,已经发现 SEA 法可以很好地预示加速度响应,但是无法对载荷(应力)响应预示。

对有效载荷在低频段的数学模型的特殊要求主要包括:

(1)必须用有限元法对结构和(或)硬件建模。

(2)必须首先建立具有足够保真度的载荷模型来描述运载火箭方给定频率范围的有效载荷的动力学行为。一般频率范围在 50Hz 以上,虽然有时可由大型或小型运载火箭各自给出或高或低的截止频率。例如，航天飞机的截止频率为 35Hz。至少在载荷分析的截止频率的 1.4 倍以内所有的有效载荷和分系统的模态必须精确建模。

（3）如果要求对模型矩阵进行缩聚，缩聚后的矩阵在上限频率以内必须能准确描述初始模型。

（4）模态阻尼必须根据相同或相似结构在典型飞行量级下的测试结果选取。如果很难得到测量结果，必须假设较低的阻尼值，如瞬态响应多数按 1% 考虑。

（5）载荷模型既用于载荷预示，也用于应力、固有频率和模态振型分析，因此理想的模型一般要求网格密度可以变化以满足正确的载荷分布定义。

（6）载荷分析的主要目的是识别出容易产生高应力的结构件或单元。一旦识别出，一般还需进行独立的应力分析。大多数高应力点出现在紧固件和连接处。对于结构简单的载荷分析，手工应力计算就足够了。对于复合元件上的复杂载荷而言（如同时受弯曲和扭转的三角形复合壳单元），可能需要建立应力模型。大多数情况下，应力模型在结构静载荷分析时已经建立了。该模型可以用于静载荷分析和动应力分析。这种情况下，应力模型要求在应力集中附近的网格要细化，除非应力梯级已经单独处理了。

（7）为了选择硬件的初步设计和试验准则，载荷模型必须用于确定结构和硬件安装界面处的动力学位移和加速度。

SEA 和 BEM 一般用来预示 20Hz～10kHz 的外声场引起的 20Hz～10kHz 的内噪声，以及 20Hz～2kHz 或更高的随机振动（加速度）响应，其中这些频段内的低频部分常用于大型有效载荷。SEA 或 BEM 常用来计算高阶模态结构响应，因为与 FEM 相比，加速度响应精度没有明显降低而计算效率更高，特别是力函数或环境是随机的情况。与 FEM 相比，几乎所有的 SEA 预示是基于一个频带内的平均结果，常用的有 1/3 倍频。FEM 分析中需要的大量结构细节往往在 SEA 和 BEM 中没有必要。然而，SEA 在低频段的精度通常是有限的，误差是由用于平均的响应模态数不够引起的。另外，FEM 分析在高频段的精度不够，所以综合应用多种方法后才能获得足够的精度。

对同时出现的环境的综合载荷和（或）力函数所产生的瞬态和随机响应，需要特别注意。通常综合载荷为各项载荷的平方和的均方根。可重复使用运载器上的有效载荷可能被要求返回地球，如航天飞机。这样，有效载荷设计时必须综合考虑运载火箭对接、再入和着陆载荷。一旦有效载荷建立了模型,不同模态的计算模态质量可以结合模态 MAC 曲线,如图 6.2 所示,用于修改或者降低作用在硬件上的加速度。对于每一项,通过对固有频率小于上限频率的各阶模态加速度求和得到总的加速度。

对航天器而言,有许多不适用于其他有效载荷的特殊需求,因为航天器有多个分系统,不同的工作状态以及构型都是由航天器部门单独考虑的。例如,需要使用特定的工作力函数和载荷系数建立数学模型,并根据不同的频率范围修改或扩展数学模型。航天器在展开以后的操作与运载火箭无关,因此需要用自由界面代替运载火箭的边界条件。额外设计不确定性系数,综合载荷以及作用顺序也需要考虑。航天器设计时也必须考虑和评估来源于各种展开和分离的载荷。另外,某些航天器任务还需要单独进出大气层,以及在非地球环境下工作。

6.2.3　后期和最终设计

1. 一般考虑

随着项目的持续进展,系统设计将实现或即将实现所有的设计目标和要求,包括费用和质量目标以及强度要求。后期设计主要目标是通过一次或多次关键设计审查(CDRs),在这之后通常基于加工图纸的有效载荷或者航天器的制造开始启动。其后的设计变更通常不只是纸面,而是与实物相关,从而在成本上升的同时不可避免地增加质量。

多数情况下强度要求是很少降低的,因此常常只能在总质量的指标上做出牺牲。有时质量的增加是不能容忍的,系统只能重新设计。通常重新设计必须拆卸分系统,减少推进剂,或者用轻质材料或结构代替原有材料。如果重新设计仍不能达到预期目标,最后的替代方案只能是修改任务,或者用推力更大的运载火箭代替原来的火箭,甚至是取消任务。显然,以上任何一项替代方案的经济代价都是巨大的。

2. 特殊要求

随着载荷分析循环的开展,一般更关注设计的结构和硬件联合载荷和载荷顺序,通过载荷综合确定最大应力,通过载荷顺序确定疲劳余量。同时,早期附加的不确定系数有望在设计过程中降低。一种避免过大的不确定系数的方法是采用灵敏度分析,系统地改变有效载荷的特性,根据最严重的载荷工况和大量载荷工况的统计分析来选择设计载荷。也可以使用频率灵敏度(调谐),允许人为地在数学模型中移频,从而确定结构设计中潜在的载荷增长。目前认为这些技术手段在降低早期不确定系数方面是合理的。

一旦最终的有效载荷结构设计基本完成,系统的固有频率、模态振型、阻尼和适当的力函数可以用于计算结构和各硬件的安装界面上的加速度。该加速度可以用来定义硬件在低频段的动力学试验准则。

6.2.4　模态试验

在有系统实物可操作的阶段,通常利用工程结构模型(也称原理样机)或者实际有效载荷(也称飞行样机)来进行模态试验,如3.1.5节描述。模态试验的目的是评估用于计算不同任务状态的动力学系统(如运载火箭或有效载荷)结构低频特性的数学模型的准确性,而不是确定结构是否具备承受不同动力学载荷的能力。因为模态试验作为设计工具一般用较低的激励,验证主结构是否能经受任务周期内同时或依次出现的静载荷和动载荷是通过分析而不是试验实现的。在模态试验,体积或质量较大的硬件需要安装或用质量模拟件代替。较小或较轻的硬件,如线缆、管路等常常可以忽略。数学模型通常需要进行相应的修改以反映模态试验的状态。模态试验后,如果充分验证了数学模型且确定了力函数,之前分析时的不确定性就可以消除。但是如果模型验证不充分,在最终验证载荷分析循环中仍需要考虑适当的不确定系数。

6.2.5　试验准则

如6.1.3节和6.1.4节所述,主结构通常用分析和模态试验进行验证,而不是通过环境试验。而硬件的结构完整性通常由静力试验和(或)低频振动试验验证。另外,为了验证分析结果,小型有效载荷常用低频振动试验作为替代或者补充手段。事实上,对硬件和小的有效载荷而言,制定试验准则而不是设计准则是很常见的。如果试验准则(包括试验容差)超出设计准则,为避免硬件满足设计准则但在试验时失效,应该增强设计准则。

对低频随机振动而言,有以下两种常用的试验方法。

(1)时间历程模拟法:计算每个随机任务事件的加速度时间历程,加上一定的设计或试验余量,进行一系列试验。

（2）谱包络法：计算每个任务事件的自谱,对这些谱取包络,再加上一定的设计或试验余量,进行一次随机试验。

对低频瞬态而言,有以下三种常用的试验方法。

（1）计算每个瞬态任务事件的加速度时间历程,加上一定的设计或试验余量,进行一系列试验（详见 8.2 节）。

（2）计算每个时间的冲击响应谱（SRS）,对所有谱取包络,再加上一定的设计或试验余量,进行一次瞬态试验。

（3）与第二种 SRS 的单自由度响应相匹配的正弦扫频,再加上一定的设计或试验余量,进行一次正弦扫频试验。

液压和电动振动试验系统常用于低频试验。液压振动台的低频截止频率约为 2Hz,与最大行程或位移相关。大多数电动振动台一般为 5～20Hz,且位移相对较小。当低频试验条件以加速度形式给出时,必须确定最大试验位移量以避免超出振动试验系统的允许范围。如果超出振动台的位移限制,通常做法是降低低频段的时间历程或谱值或提高下限频率。只要不影响主要共振频率处的响应,测量对试验结果的影响应该被忽略。

6.3　高频振动响应

6.1 节中描述的低频动力学响应引起的载荷通常是航天器结构设计时最需要关注的。高频振动响应一般在薄板类或其他对高频振动破坏敏感（如声疲劳）的结构的最终设计时比较关注。然而,初步设计关注与高频振动环境相关的安装在飞行器结构上的设备或硬件。高频振动环境下飞行器设备的设计准则是基于第 4 章中计算的最大期望环境和第 5 章中计算的等效持续时间,再加上 6.3.3 节中给出的余量。然而,振动鉴定试验环境也与设计准则有关,鉴定试验量级通常与设计使用的振动量级相同,也加上如 6.3.3 节中相同的余量。另外,为了说明疲劳数据的分散性,振动试验是一种比第 7 章中得到的等效持续时间明显长的固定环境。因此,6.3.3 节中给出的鉴定试验时间在设计时应该作为振动环境的最短时间。

6.3.1　初始设计

设计高频振动激励下的设备是一项严峻的考验,特别是对功能性退化等失效模式较多的电子设备而言。但是在初步设计阶段,主要集中在设备结构的完整性,如振动引起的设备结构的最大应力。下面将讨论初步设计时可以粗略预示最大应力的简化方法。

1. 简化应力模型

大多数情况下,可以假设设备结构上的最大应力由单一主模态(通常是结构的一阶模态)响应引起。主模态可以通过一个基础激励的振子(单自由度系统)近似,基础加速度激励与质量的位移响应之间的频响函数如下:

$$H_{a\text{-}d}(f) = \frac{1}{1-(f/f_n)^2+\mathrm{j}2\zeta f/f_n}\left(\frac{1}{2\pi f_n}\right)^2 \tag{6.1}$$

式中,ζ 为阻尼比;f_n 为无阻尼固有频率($\zeta < 0.1$ 时近似等于共振频率);$\mathrm{j} = \sqrt{-1}$。

假设作用在设备底部的随机振动激励加速度自谱为 $G_{xx}(f)$,单位为 g^2/Hz。此外,假设加速度自谱在设备的固有频率附近频带内不变,即 f_n 附近 $G_{xx}(f) = G_{xx}$。代表设备的单振子相对位移响应的标准差为

$$\sigma_d = \left[\frac{\pi f_n g^2 G_{xx}(f_n)}{4\zeta}\right]^{1/2}\left(\frac{1}{2\pi f_n}\right)^2 \tag{6.2}$$

式中,g 为重力单位($9.81\mathrm{m}^2/\mathrm{s}$)。在 2kHz 以内,假设设备的主模态响应主要表现为结构弯曲。结构固有频率处的弯曲应力与结构的模态速度响应成比例:

$$S = \frac{CVE}{c_L} = CV\sqrt{E\rho} \tag{6.3a}$$

式中,S 为最大应力;V 为最大模态速度;E 为材料的杨氏模量;c_L 为材料的纵向波速;ρ 为材料密度;C 为比例常数。

假设线性和高斯随机响应,式(6.3a)中的最大应力和速度可以分别用瞬时应力和速度的标准差代替,结构上最大应力和速度出现的点如下:

$$\sigma_S = \frac{C\sigma_V E}{c_L} \tag{6.3b}$$

为得到应力的标准差,模态速度的标准差可根据式(6.2)近似得到

$$\sigma_V = 2\pi f_n \sigma_d \tag{6.4}$$

将式(6.3b)和式(6.4)代入式(6.2),可得到应力的标准差估计为

$$\sigma_S = \frac{CE\sigma_V}{c_L} = \frac{CE}{4c_L}\left[\frac{g^2 G_{xx}(f_n)}{\pi f_n \zeta}\right]^{1/2} \tag{6.5}$$

式中,所有变量与式(6.1)~式(6.4)中定义一致。式(6.5)中的比例常数 C 的

取值与结构的几何形式和应力集中系数有关,对大多数设备结构而言,保守时 C 取 8,简单的结构 C 可以取 4。举例说明,假设设备为铝合金(其中 $E=6.9\times10^4\text{MPa}$,$c_{\text{L}}=5100\text{m/s}$),且设备在一阶主频 $f_{\text{n}}=50\text{Hz}$,阻尼系数 $\zeta=0.05$。设备暴露在一个相对恶劣的随机激励环境下($G_{xx}(f_{\text{n}})=0.4g^2/\text{Hz}$),系数 $C=8$,根据式(6.5)可得到共振时最大应力的标准差为 $\sigma_S=60\text{MPa}$。

通过式(6.5)在设计早期至少可以根据保守的 f_{n} 和 ζ 对应力标准差 σ_S 进行估计,但是还需要估计最大应力。在得到 σ_S 后,有三种方法可以获取最大应力:①瞬时最大应力法;②首次穿越应力法;③冲击响应应力法。方法①适用于式(6.5)中预示的最大均方根应力仅短暂出现的非稳态振动环境,如起飞环境。方法②适用于短时平稳振动环境。方法③对平稳和非平稳振动环境均适用。因为所有设备的鉴定振动试验都是至少 2min 的平稳振动(表 6.12),在早期设计时也必须考虑疲劳损伤允许应力。需注意的是,对于所有方法,由于没有考虑装配应力或静态加速度叠加在高频振动上的静应力。如果可以估计出该静应力,应将其加到由随机振动引起的最大预示应力上。

2. 瞬时最大应力

估计设备在高频振动激励的最大应力最简单的方法是利用设备应力的三倍标准差。由式(6.5)可得

$$S_{\text{max1}}=3\sigma_S=\frac{3CE}{4c_{\text{L}}}\left[\frac{g^2G_{xx}(f_{\text{n}})}{\pi f_{\text{n}}\zeta}\right]^{1/2} \tag{6.6}$$

可以这样理解,假设安装在航天器结构上(或振动台上进行鉴定试验)的设备响应是正态(高斯)分布的,则在标准差达到最大值时,式(6.6)中的最大应力 S_{max1} 有 0.13% 的概率超出设备的最大应力。对前文假设的同一铝合金设备而言,根据式(6.5),$S_{\text{max1}}\approx180\text{ MPa}$,正好低于 2024-T3 铝的屈服应力。瞬时最大应力的方法唯一的优点是简单。其主要缺点包括:

(1)该方法假设安装在飞行器结构或振动台上的设备的响应主要由单一主模态引起。

(2)该方法不考虑由于支架结构或振动台面载荷引起最大期望环境定义的振动输入修正。

(3)该方法假设安装在航天器结构或振动台上的设备响应是正态(高斯)分布。即使航天器或振动台上的振动不是高斯分布,只要是宽带随机分布,对主要由单一主模态引起线性响应的设备而言该假设通常也适用,因为这种情况会

抑制偏离高斯。然而,设备响应的非线性特性可能会产生较高的非高斯响应。

(4)该方法没有考虑振动响应的持续时间。即假设振动激励是单一不平稳的,瞬时最大的。这种假设可能在某些发射事件下是合理的,但是对鉴定振动试验显然是不合理的。

3. 首次穿越应力

一种考虑振动持续时间影响的估计最大应力的方法是采用5.1.4中详细描述的首次穿越模型。特别对满足式(6.5)应力标准差 σ_S 的稳态随机振动响应的单振子表示的设备,最大应力值 $S_{\max 2}$ 在周期 T_s 内超出至少一次的概率可近似表示为

$$P(T_s) = f_n T_s \exp\left(\frac{-S_{\max 2}^2}{2\sigma_S^2}\right) \tag{6.7}$$

从而得

$$S_{\max 2} = \sigma_S \sqrt{2\ln\left[\frac{f_n T_s}{P(T)}\right]} = \frac{CE}{4c_L}\sqrt{2\ln\left[\frac{f_n T_s}{P(T_s)}\right]}\frac{G_{xx}(f_n)}{\pi f_n \zeta}} \tag{6.8}$$

其中,所有项定义与式(6.1)~式(6.5)相同。式(6.7)中概率分布的常用值为5%,即 $P(T_s)=0.05$。

对航天器振动数据使用式(6.8)时的一个问题是这些数据常常是非平稳的。然而,设备至少2min的鉴定振动试验是平稳的,因此,可假设 $T_s \geqslant 120s$。对之前的例子而言,应力标准差 $\sigma_S = 60\text{MPa}$,根据式(6.8),$C=8$,$P(T_s)=0.05$,则 $S_{\max 2}=4.8\sigma_S \approx 290\text{MPa}$,满足2024-T3铝的屈服应力。$S_{\max 2}$ 比由式(6.6)得到的 $S_{\max 1}$ 大60%并不令人惊讶,因为首次穿越值表示在时间周期 T_s 内超过 $S_{\max}$ 的概率,而不是时间周期内的一个瞬间。

首次穿越应力方法的优点是简单,且考虑了振动环境的持续时间。但是,该方法也有瞬时最大应力法的前三条缺点。

4. 冲击响应应力

另一种考虑振动持续时间影响的估计设备最大应力的方法是根据最大冲击响应谱(SRS)计算最大期望环境。一般希望得到速度响应的SRS,但是如果传统的加速度冲击响应谱假定为 $S_x(f_n, \zeta)$(对应 f_n 单位为 g),则对应 f_n 的伪速度冲击响应谱可由式(6.9)估计:

$$S_V(f_n,\zeta)=\frac{gS_x(f_n,\zeta)}{2\pi f_n} \tag{6.9}$$

对共振频率 f_n 和阻尼比 ζ 的设备而言,$S_V(f_n,\zeta)$ 表示设备响应的最大速度,因此由式(6.3)可直接得到最大应力为

$$S_{\mathrm{max}3}=\frac{CES_V(f_n,\zeta)}{c_L}=\frac{CEgS_x(f_n,\zeta)}{2\pi f_n c_L} \tag{6.10}$$

冲击响应谱法的优点如下:

(1)因为平稳随机信号的冲击响应谱与信号的持续时间有关,该方法考虑了振动环境的持续时间。

(2)该方法完全考虑了潜在的非平稳和非高斯特性。

当然,该方法也有瞬时最大应力法的前两条缺点。

5. 疲劳损伤

如早期提到的,在鉴定振动试验时,所有设备将经历至少 2min 的随机振动环境。而且,设备运输或在轨运行,或安装在可重复使用航天器,如航天飞机上,随机振动环境持续时间可能更长。因此,在初步设计时必须考虑疲劳破坏的可能性。可以利用式(6.5)估计应力标准差,然后利用随机 S-N 曲线(见5.1.2节)或者裂纹扩展模型(见 5.1.3节)来确定设备主要的材料是否在 $N=f_n T$(T 为环境预计持续时间)循环内失效。同样对之前的例子而言,应力标准差 $\sigma_S=60\mathrm{MPa}$,2024-T3 铝的随机 S-N 曲线见图 6.3。从图中可知 $f_n=50\mathrm{Hz}$ 时,对应标准差下的疲劳寿命约为 8×10^6 循环或 44h。

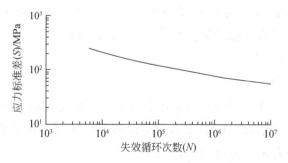

图 6.3　2024-t3 铝的窄带随机 S-N 曲线

6. 评估

预示由于高频振动激励引起的航天器设备最大应力的各种方法的优缺点

总结如表 6.7 所示。所有方法都有一定的局限性,没有一种方法绝对优于其他方法。

表 6.7　确定高频振动环境初步设计载荷的方法优缺点比较

特点	最大瞬时应力	首次穿越应力	SRS	疲劳破坏
相对易实现	是	是	是	是
适用于多模态响应	否	否	否	否
适用于非高斯响应	否	否	是	否
适用于非平稳响应	是	否	是*	是**
考虑振动持续时间	否	是	是	是

　*假设设备的响应线性;

　**假设振动环境可简化为分段平稳的。

6.3.2　最终设计

承受高频振动环境的设备的最终设计准则应该建立在利用 3.2.3 节中描述的 FEM 得到的振动响应预示的基础上,包括最大应力预示。如果需要更高频率范围内的预示,应该利用 3.2.2 节中描述的 SEA 模型。在最终预示时,应该考虑下列五个重要因素。

1)质量载荷影响

因为在最终设计阶段对设备安装处的结构细节更了解,由于设备安装结构处的质量载荷可能需要考虑对设备的输入激励修正。修正后的输入根据式(4.20)给出。对所有的振动试验来说,考虑质量载荷的影响时应该采用 4.5.2 节~4.5.5 节中的方法之一。

2)多模态响应

应该考虑设备在二阶或更高阶固有频率的多模态响应,以便对整体的动力学响应有更准确的估计。模态应力的总标准差可通过各阶固有频率对应的应力标准差的平方和的开方进行估计:

$$\sigma_{OA} = \sqrt{\sum_{i=1}^{M} \sigma_i^2} \qquad (6.11)$$

式中,M 表示设备的主频的阶数。

3)联合载荷

6.1 节中讨论的低频载荷通常不会对航天器设备造成大的动应力,因此通常在设备高频振动环境最终设计时不必考虑,除非可能出现如下面讨论的附加静载荷的情况。然而,也有例外,当设备足够大且主模态在 50Hz 以下时,或者说,主频的频率范围处于第 1 章中定义的高频激励和低频激励均能激发的情况。在这种情况下,综合考虑预示的高频振动响应必须与低频载荷的预示响应,以满足最终设计要求。

4)静载荷

如果与设备经历的振动环境相比,静载荷较大,由于高频振动激励的作用,静载荷有时也会增加设备失效的可能性。这里包括低频动力学响应引起的峰值载荷,因为对设备而言可视为重复的、瞬时静载。静载造成失效的可能性主要与失效模式有关。对总应力可能的影响需要考虑,虽然大部分情况下,可以通过适当的设计和试验余量解决。

6.3.3 设计与试验余量

由于在高频随机激励很难使用分析方法,对高频载荷通常不指定设计余量。然而,通常做法是指定试验余量。最小设计准则(外部或内部)通常与原理样机(鉴定)试验准则相同。不同机构甚至项目之间试验余量可能相差很大,但是对航天器而言有两份关键的试验准则文件,一份是 NASA 的,另一份是 USAF 的。表 6.8 对高频随机振动和声试验用的试验量级余量进行了总结。第三份关键的文件是 NASA GSFC 的,与 NASA 的大部分兼容。如表 6.8 所示,NASA 根据最大期望环境(MEE)定义了飞行验收(FA)、原型飞行和鉴定(原理样机)试验量级余量,但是也指明了试验量级必须包络最小工作量级。表 6.9 为 NASA 质量小于 50kg 的组件随机振动最小工作量级。NASA 的最小工作噪声量级是总声压级 138dB,试验谱型与总的期望飞行谱型一致。如表 6.8 所示,USAF 根据 MEE 定义 FA 试验量级余量,原型样机和原理样机的试验量级余量根据 FA 确定,而 FA 试验量级必须保留包络最小工作量级。表 6.10 给出了 USAF 质量小于 23kg 的组件随机振动最小工作量级。表 6.11 给出了 USAF 最小工作噪声试验级。对 NASA 或 USAF 而言,均采用 4.1.2 节中定义的 95/50 正态容差限来确定最小期望环境。

NASA-STD-7001A[5]给出的试验量级余量适用于 NASA 的所有项目,对于非 NASA 项目,推荐作为最小余量。根据特殊计划要求可以采用更高的余量,但是不推荐超出 MIL-STD-1540C[6] 中规定的余量。正如 6.2.5 节所提到的,如果给定设计准则,而试验准则(包括试验容差)超过设计余量,则设计准则应至少调整为等于或高于原理或原型样机设计准则,以免出现满足设计准则但在原理或原型样机试验时失效的可能性。

表 6.8　高频随机振动和声试验量级余量

试验类型	GJB 1027A	NASA-STD-7001A	MIL-STD-1540C
原理样机(鉴定)	FA+4 dB	MEE* +3 dB**	FA+6 dB
原型样机	FA+2 dB	MEE* +3 dB**	FA+3 dB
飞行验收(FA)	MEE* +0 dB**	MEE* −3 dB**	MEE* +0 dB**

* MEE 根据 95/50 正态容差限定义的最大期望环境(见 4.1.2 节);

** 不小于指定的最小工作量级。

表 6.9　NASA 组件最小随机振动试验量级

质量小于 50kg 的组件	
频率/Hz	最小功率谱密度/(g^2/Hz)
20	0.01
20~80	+3 dB/oct
80~500	0.04
500~2000	−3 dB/oct
2000	0.01
总均方根加速度值	6.8 g_{rms}

表 6.10　GJB 1027A—2005 &USAF 最小随机振动试验量级

质量小于 23kg 的组件		飞行器	
频率/Hz	最小量级	频率/Hz	最小量级
20	0.0053	20	0.002
20~150	+3 dB/oct	20~100	+3 dB/oct
150~600	0.04	100~1000	0.01
600~2000	−6 dB/oct	1000~2000	−6 dB/oct
2000	0.0036	2000	0.0025
总均方根加速度值	6.1 g_{rms}	总均方根加速度值	3.8 g_{rms}

表 6.11 GJB 1027A—2005 & USAF 最小工作噪声试验量级

组件和飞行器			
1/3 倍频程中心频率/Hz	最小声压级/dB	1/3 倍频程中心频率/Hz	最小声压级/dB
31	121	630	125
40	122	800	124
50	123	1000	123
63	124	1250	122
80	125	1600	121
100	125.7	2000	120
125	126.5	2500	119
160	126.7	3150	118
200	127	4000	117
250	127	5000	116
315	126.7	6300	115
400	126.5	8000	114
500	125.7	10000	113
总声压级 138 dB			

　　不同标准[7]中给出的高频振动和声试验持续时间如表 6.12所示。NASA-STD-7001A 中定义的包含试验余量的试验周期应该被当成最小验收试验周期。如果用 5.3 节中的方法计算出的环境等效持续时间超出了 NASA-STD-7001 的要求，取两者中试验时间长的。MIL-STD-1540C 中的再试验准则同样适用。

表 6.12 高频随机振动和声试验持续时间

试验类型*	GJB 1027A—2005	NASA-STD-7001A	MIL-STD-1540C
原理样机（鉴定）	2min	单次任务：2min N 次任务：2+0.5N min	组件：3min 飞行器：2min
原型样机	1min	1min	组件：3min 飞行器：2min
飞行验收（FA）	1min	1min	1min

　　* 对于单轴振动试验，定义的试验持续时间是指每次沿三个正交轴之一的试验时间。对同时三轴振动试验和声试验，定义的时间是总试验时间。

6.4　高频瞬态响应

正如 3.3 节中讨论的,航天器结构的高频瞬态响应主要是由火工品(爆炸)装置工作引起的。如果不发生速度改变,这种瞬态(通常指爆炸冲击)几乎不产生低频能量。因此,与火工装置附近造成的破坏相比,对航天器主结构基本不造成破坏威胁。考虑爆炸冲击影响的设计重点主要是安装在航天器结构上的各种设备。

爆炸冲击激励对设备的最大期望环境通常按照最大冲击响应谱定义,具体根据 3.3 节中响应预示方法计算得到。对航天器结构上的设备使用最大冲击响应谱时需要建立相应的试验准则,然而它们对于设计目的很少有用。特殊情况下,对于某一阶固有频率在 500Hz 以下的设备,结构的预示结果表明低于引起失效的应力,即使该设备上共振频率在 1kHz 以上的元件可能失效。更特殊的,爆炸冲击造成的威胁主要是对小的元件,如由玻璃或陶瓷等脆性材料组成光学和电子部件。爆炸冲击也可能引起电子线路板表面安装的元件和计算机存储元件的故障。对高频瞬态激励敏感的小元器件而言,根据 3.3 节中的预示方法,目前还很确定其在设备上的激励输入,但随着计算机软硬件能力的快速增长,采用有限元建模方法(FEM)精确预示这些局部输入是有可能的。

6.4.1　一般设计考虑

虽然目前还没有可以用于精确分析设备爆炸冲击环境的程序,但是很多文献给出了一般的指导设计方法。而且,可以从爆炸冲击失效的相关实例中获取相当多的设计经验。承受爆炸冲击环境的设备设计时应参考这些文献,以及其他关于爆炸冲击引发设备失效的研究成果。根据经验总结了如下一些最重要的通用设计准则:

(1)对高频激励敏感的设备,特别是光学和电子设备,安装位置尽可能远离火工冲击设备。

(2)尽量避免将敏感设备安装在那些对高频能量提供良好传递路径的结构上,如蜂窝结构。

(3)尽量使敏感设备的安装位置与火工冲击设备的安装位置之间结构不连续且(或)通过连接件相连。

(4)尽量避免包含脆性材料的元器件直接安装在设备的主结构上。

总之,防止爆炸冲击导致飞行失败的主要方法是用 8.4 节中给出的某种实验室模拟方法对各设备进行适当余量的试验。特别是原型飞行件要进行实验室测试,其中火工冲击装置按照实际飞行过程依次或者联合触发。

6.4.2　设计与试验余量

爆炸冲击环境的设计过程一般是定性的,设计余量是不可用的。然而,试验余量是常规的,不同机构,甚至不同计划之间存在较大差别。

表 6.13 列出了我国 GJB 1027A、美国 NASA 以及 USAF 等几个主要环境试验标准中的高频瞬态试验余量。另一个试验标准(NASA GSFC)的相关内容与 NASA-STD-7003A 兼容。表 6.13 中的最大期望环境通常利用冲击响应谱(SRS)来定义,与高频随机振动环境一样,推荐采用 95/50 正态容差限来确定。

表 6.13　高频瞬态试验余量

试验类型	NASA-STD-7003A	MIL-STD-1540C	GJB 1027A—2005
原型样机(鉴定)	MEE* +3 dB 每个轴向 2 次	MEE* +6 dB 每个轴每个方向 3 次	MEE* +6 dB 每个轴向 3 次
原型飞行件	MEE* +3 dB 每个轴向 1 次	MEE* +3 dB 每个轴每个方向 2 次	MEE* +3 dB 每个轴向 1 次
飞行验收	MEE* +0 dB 每个轴向 1 次	MEE* +0 dB 每个轴每个方向 1 次	每个轴向 1 次

* MEE 根据 95/50 正态容差限定义的最大期望环境。

NASA-STD-7003A[8] 中给出的试验量级的余量适用于 NASA 所有的计划。对于非 NASA 计划,推荐 NASA-STD-7003A 中给定的试验量级余量作为最小余量。根据特殊计划要求可以采用更高的余量,但是不推荐超出 MIL-STD-1540C 中规定的余量。NASA-STD-7003A 中还给出了再试验的准则。

参 考 文 献

[1] Ostrem F E. Transportation and Handling Loads. NASA SP-8077. Hampton VA: NASA Langley Research Center,1971.

[2] Structural Design and Test Factors of Safety for Spaceflight Hardware. NASA-STD-5001. Washington DC: NASA,1996.

[3] Metallic Materials and Elements for Aerospace Vehicle Structures. MIL-HDBK-5G,1995.

[4] Polymer Matrix Composites. MIL-HDBK-17,2002.

[5] Payload Vibroacoustic Test Criteria. NASA-STD-7001A. Washington DC:NASA,2011.

[6] Test Requirements for Launch,Upper-Stage,and Space Vehicles. MIL-STD-1540C,1994.

[7] 国防科学技术工业委员会. 运载器、上面级和航天器试验要求:GJB-1027A—2005. 北京:国防科学技术工业委员会,2005.

[8] Pyroshock Test Criteria. NASA-STD-7003A. Washington DC:NASA,2011.

第7章 试 验 总 则

对空间飞行器设备选择和进行适当的动力学试验时需要考虑以下问题:①试验目的;②试验模拟的事件;③试件的装配层级;④试验模拟的类别;⑤试验夹具;⑥试验过程的失效判据。对于少数长持续时间的事件,如发射前的运输,可能还需要考虑采用加速试验。动力学试验的类别和试验准则很大程度上要依据这些问题执行。

7.1 试 验 目 的

动力学试验通常分为六大类,分别是研制试验、鉴定试验、验收试验、筛选试验、统计可靠性试验和可靠性增长试验。研制试验用于设计支持,可以简单到只要确定空间飞行器的部件的主要谐振频率即可,也可以精细到充分确定空间飞行器结构的固有模态和阻尼用于分析模型。无论如何,此类试验特殊到试验大纲无法覆盖,因此本书就不予以阐述。筛选试验、统计可靠性试验和可靠性增长试验用于大规模生产的设备。空间飞行器的设备很少大规模生产,因此也不予以考虑。另外,空间飞行器有时采用的是仅此一件的产品,这是鉴定试验和验收试验必须合并对参与飞行试验设备的单独一项试验,这类试验称为"单件首飞试验"。

7.1.1 鉴定试验

鉴定试验的目的是验证设备的设计足以承受整个任务过程中(发射前和飞行中)的环境条件并且还有余量,它通常用于未进行过飞行试验的设备样机,一般在试验大纲中要求进行。在进行正式鉴定试验前,有时设备样机通过研制试验以确定和修正设计问题。另外,鉴定试验需要通用的环境试验大纲,如 NASA-GEVS-SE。然而,在能够确定更改的试验条件更适用于特定设备时,合同允许改变通用环境大纲指定的试验量级和时间。无论如何,鉴定试验的基本目标是试验条件要保守地模拟所预示的使用环境动力学激励的基本特征。

　　以前试验设备有诸多限制时,常起争论的问题是飞行设备的动力学环境试验能否作为鉴定试验来模拟环境可能导致的损伤,而不是用试验激励真实再现环境细节特征,如起飞阶段的随机振动用正弦扫描振动以产生相同的机械损伤。这一等效损伤的概念假设特定的失效模式,并且在达到适当的激励量级和持续时间才发生。由于假设的失效模式和损伤模型对所关心的设备并不一定正确,那么试验准则就会对设备增加欠试验或过试验的风险。随着现代试验设备的尺寸和灵活度的增加,试验准则很少使用等效损伤的概念,并且也不推荐使用。特殊的并且是切实可行的情况,鉴定试验可以采用与所关心动力学环境基本特征相同的激励方式,如随机振动环境可以随机振动激励模拟,瞬态环境可以用同样持续时间的瞬态激励模拟等。

　　大型空间飞行器结构的鉴定通常采用分析结合静力试验的方式实现。空间飞行器结构的鉴定分析流程,包括模态试验与静力试验数据的应用。

7.1.2　验收试验

　　验收试验用于所有参加飞行试验的设备,其设计完整性已经过样机的鉴定试验的验证。验收试验的目的是发现在设备的加工和装配过程中所暴露的工艺偏差和(或)材料缺陷,并证明已验证的设计具有代表性。动力学环境验收试验有两种基本方法。第一种方法是根据相近产品的先期经验和失效数据研究设计试验,而不依赖其使用环境的动力学激励。例如,某类特殊的电子设备的故障记录包括多余导线或焊点工艺差,那么就可对集束导线采用在谐振频率驻留的正弦振动试验快速地暴露这些问题,因此就可指定一种好的试验激励方式,尽管在其使用环境中并没有正弦振动。第二种方法是最常用的空间飞行器设备的试验方法,模拟所预示的使用过程中的动力学环境,与鉴定试验类似,但一般采用保守一些的量级和较短的持续时间。

7.1.3　单件首飞试验

　　单件首飞试验用于单件生产的设备,兼顾鉴定与验收试验的目的。对于空间飞行器设备,此类试验的准备通常与鉴定试验相同,除了试验量级和持续时间要缩减到对设备可能造成的失效损伤减到最小。

7.2 动力学激励事件

从第 1 章可知,空间飞行器在发射前和各飞行事件经历的动力学激励都不同,这些动力学激励的基本特征在表 7.1 中已进行了概括。表 7.1 中所列的动力学激励应进行预示和评估,但通常用带星号的激励来确定试验准则。注意,带两个星号的激励(运输、地震载荷、POGO、发动机振荡燃烧、空间粒子撞击、行星着陆和再入和土壤侵彻)一旦发生,就要作为主要的动力学激励。

7.2.1 短时事件

表 7.1 给出了相关的短时动力学激励(即持续时间小于几分钟的激励),除了以下三种情况:

(1)运载器或重要设备在发射前运输振动和(或)声压激励。

(2)发射前竖立在发射台上,风导致的脉动压力激励。

(3)飞行过程中箭载设备产生的振动。

如第 5 章所讨论的,表 7.1 所列的其他事件产生动力学激励在持续时间上十分短,真实地模拟持续时间不会导致不切实际的试验时长。

表 7.1 不同事件的动力学激励汇总表

事件	动力学载荷源	动力学载荷基本特征
发射前	运输**	因发次而异
	地震载荷**	低频瞬态机械冲击
	发射台的风载荷	低频脉动压力
起飞	发动机点火超压*	低频瞬态压力脉动
	牵制释放*	低频瞬态机械冲击
	发动机喷流噪声*	宽频带随机声压脉动
上升段	上升段的风载	低频随机压力脉动
	结构噪声	宽频带随机机械振动
	气动噪声(包括喷流噪声)*	宽频带随机及可能的周期性压力脉动
	发动机瞬时推力	低频瞬态机械冲击
	推力矢量载荷	低频瞬态机械冲击
	POGO**	低频周期性机械振动
	发动机振荡燃烧**	中频周期性机械振动
	贮箱燃料晃动	低频随机压力变化

续表

事件	动力学载荷源	动力学载荷基本特征
级间分离	级间分离和整流罩分离	低频瞬态机械冲击
	火工品事件*	高频瞬态机械冲击
自由飞行	飞行操控	低频瞬态机械冲击
	在轨运行中的振动载荷	因发次而异
	空间粒子撞击**	高频瞬态机械冲击
再入段	再入的风载	低频随机压力脉动
	气动噪声	宽频带随机压力脉动
	行星着陆和再入**	宽频带随机压力脉动
	土壤侵彻**	低频瞬态机械冲击

＊对于正常飞行一般为主要激励；

＊＊一旦发生就成为主要激励。

7.2.2　长持续时间事件

在 7.2.1 节中所列的三种长持续时间事件（简称长时事件）的持续时间过长,以至于难以用真实时长的试验来模拟。假设长时事件的动力学激励幅值低于飞行时间产生的最大激励的幅值,则长时事件的动力学试验可采用 7.3 节所述的加速度试验方法。特别是在适当假设的条件下,动力学试验、动力学环境造成等效疲劳损伤的持续时间关系如下:

$$T_t = \left(\frac{\sigma_e}{\sigma_t}\right)^b T_e \tag{7.1}$$

式中,σ_t 和 σ_e 分别为试验和使用环境的动力学激励的标准偏差;T_t 和 T_e 分别为试验和使用环境的动力学激励的持续时间;b 为 i 材料的疲劳常数（见 5.1.2 节）。如果试验和环境的动力学激励以自谱形式定义,式（7.1）就改写为

$$T_t = \left(\frac{G_e(f)}{G_t(f)}\right)^{b/2} T_e \tag{7.2}$$

由 5.1.2 节可知,对设备推荐取 $b=4$,对承载结构推荐取 $b=8$,但如果对待试产品进行详细的评估判断也可以取更大的 b 值。

长时动力学环境模拟的加速度试验应用式（7.1）和式（7.2）有以下限制条件:

(1)在任一频率点,加速振动和（或）噪声试验的试验量级都不能超出第 4章所预示的最大环境条件。

(2)应用疲劳损伤模型的加速度试验仅适用于结构耐久性评估,而不能用于待试产品的功能及性能测试。

7.3 装 配 层 级

组装成单元(部件)零部件在部件进行预示的动力学激励考核时也自然进行了考核。同样地,对总装的分系统和(或)系统级进行考核时也自然对全部部件进行了考核。然而,从设计到声场总装成系统级的零件、组件和主分系统需要较长的研制周期,因此一般在设备的不同装配层级单独进行试验以确保在交付下一装配层级时正常运行。可是,从考核角度来看,所关心的动力学激励类型对不同的装配层级是不同的。例如,零件和组件的最低的谐振频率一般都大于50Hz,意味着表7.1所列的低频动力学激励对其来说,实质上就是用离心机可以很容易模拟的静载荷。另外,零件、组件和部件也要经受气动噪声作用在其支撑结构上产生的振动激励,但其尺寸相对较小,因此一般对直接作用在其表面的气动噪声脉动无响应。

基于上述考虑,对不同装配层级的动力学考核准则所涉及的如表7.1所列的主要动力学激励(后面带一个星号)概括为表7.2。需要强调的是,表7.2所列的对每一装配层级的激励过于概括,不能覆盖一些特殊情况。例如,轻质的较大表面积的部件,即对直接作用于其外表面的噪声激励敏感,也对噪声作用在支撑结构上诱发的振动敏感。对于每个系统及其组成单元必须谨慎评估以确定每一装配层级的相关激励。

表7.2 不同装配层级指导考核准则的主要动力学载荷

装配层级	指导考核准则的动力学载荷
零件和部件	1. 在起飞段由发动机喷流噪声和(或)跨声速及最大动压段飞行产生的气动噪声; 2. 火工品动作产生的瞬态机械冲击
单元 (部件,设备)	1. 级间和整流罩分离产生的瞬态机械冲击; 2. 在起飞段由发动机喷流噪声和(或)跨声速及最大动压段飞行产生的气动噪声; 3. 火工品动作产生的瞬态机械冲击
分系统	1. 发动机点火超压和牵制释放产生的瞬态机械冲击; 2. 发动机喷流噪声; 3. 跨声速和(或)最大动压段飞行产生的压力脉动; 4. 级间的整流罩分离产生的瞬态机械冲击; 5. 可能的火工品动作产生的瞬态机械冲击。

装配层级	指导考核准则的动力学载荷
系统级 (飞行器)	1. 发动机点火超压产生的瞬态机械冲击； 2. 牵制释放产生的瞬态机械冲击； 3. 发动机喷流噪声； 4. 跨声速和(或)最大动压段飞行产生的压力脉动； 5. 级间的整流罩分离产生的瞬态机械冲击； 6. 可能的火工品动作产生的瞬态机械冲击

7.4　模　拟　类　别

一些类型的动力学试验,其中的试验激励不需要再现所预示的飞行过程中的动力学激励。例如,正弦扫描激励一般用于研制试验,以确定试件的基本动力学特征(见3.1.5节)。低频正弦扫描或正弦扫描或正弦驻留试验有时也用于替代结构完整性检验的静力试验(见6.1.5节)。然而,对于空间飞行器设备的动力学环境鉴定、验收和单件首飞试验,还有广泛统一的意见,即如7.1.1节所述,试验激烈应模拟预示的飞行动力学环境的基本特征,包括量级和持续时间。这意味着正弦试验仅用于模拟飞行环境近似为周期特征的激励。下面给出几个例子：

(1)火箭发动机的振荡燃烧,一般发生在上升段。

(2)运载器的POGO或其他有限循环数的不稳定振动,一般发生在上升段。

(3)上升段的不稳定气动噪声,如有效载荷舱或整流罩的噪声。

(4)飞行操控中,有效载荷所载设备的旋转装置产生的周期激励。

因为上述的环境条件较少出现,大量空间飞行器设备的试验都在装配层级完成(如表7.2所示),使用稳态随机或瞬态激励,如非正弦波激励,在7.4.1节讨论可能的例外情况。

7.4.1　正弦扫描激励模拟瞬态激励

如7.1节所讨论的,低量级的正弦激励一般用于不同类型的研制试验。有些情况是最大强度的正弦激励用于空间飞行器设备的鉴定和单件首飞试验,尽管所要模拟的动力学激励并不是周期性的。特殊情况下,出于发动机点火超压和起飞牵制释放(见 3.1 节)导致的瞬态冲击,在主要的分系统级或系统级的试验中,用频率上限为 50～100Hz 的正弦扫描振动来模拟。正弦扫描激励用电动振动台或液压振动台实现,振荡频率以线性或对数方式增大。振动幅值和扫描率按设备的响应模拟所预示的瞬态事件的响应来确定。此类试验的一般流程如下:

(1)用阻尼比 ξ 计算所要模拟的瞬态事件的冲击响应谱(SRS),其中阻尼比要与试件的预期阻尼比相同。

(2)对应每一频率点的 SRS 值除以 $Q=1/(2\xi)$,获得正弦扫描试验的参考峰值的包络。

(3)正弦扫描试验的扫描率选择依据是:模拟的瞬态事件在每个频率点振荡与预示相近的循环次数。需要指出的是,对于各频率点的振动循环次数的限制有时难以获得合理的扫描率。

(4)为防止过试验,步骤(2)所确定的正弦扫描试验的参考峰值的包络通常在重要模态频率处用分析预示得到最大响应值进行限制。

应用正弦扫描激励模拟瞬态激励会产生以下特殊情形:对事件考核同时存在欠试验与过试验。欠试验因为正弦扫描试验中在一个时刻只能激起设备的某一阶谐振,而不像瞬态激励能同时激起设备的多阶谐振。可能的过试验是正弦扫描试验比瞬态激励事件要使设备经历更多次的应力循环。当然,可以通过提高扫描率来减少过试验的数量。另外,正弦扫描激励以闭环方式操作,直接的瞬态试验一般用开环模式。然而,在鉴定试验中,推荐逐渐淘汰用正弦扫描来模拟低频瞬态激励方式,而采用直接瞬态试验。

7.4.2　多轴激励

空间飞行器设备承受的动力学环境一般都是多轴的,即激励同时沿三个正交轴作用在设备上。噪声试验必然模拟了多轴激励,但是冲击试验和振动试验设备通常都是单轴的(见第 8 章)。用于模拟如地震运动的低频冲击和振动环境(一般低于 50Hz)的多轴试验设备已广泛应用。另外,已研制出高达 2kHz 的高频冲击和振动多轴试验设备。尽管如此,空间飞行器设备的冲击试验和振动试验常用的方式仍是沿各轴依次施加激励。模拟多轴冲击/振动激励与顺序单轴激励的可能差异仍是一个广泛争议的问题,该课题也正在进行研究。由于此类设备相对高的成本,目前其用于空间飞行器设备的冲击振动试验并不是必不可少的。但如果有此类设备,还是推荐使用。

7.5　试　验　夹　具

空间飞行器设备的噪声试验一般不需要特殊的夹具。但是,几乎所有的冲击试验和振动试验都需要一个在试验机和试件之间过渡的夹具,因为试件的固定孔位置与试验机台面可能不匹配。试验机一般产生垂直于台面的直线运动,如果激励轴与试件的固定面平行,就需要工装改变试件相对试验台面的方向以使得振动能传递到沿试件的侧向方向。在台面和试件之间需要一个方向试验夹具,或者也可能是三个不同的试验夹具。

7.5.1　小型试件

对于相对试验台面较小的试件来说,沿试件的垂直轴的激励可通过一个与试件和台面均有对应连接孔的薄的固定板将试件安装在试验台面上。沿试件侧轴的激励一般采用带有斜侧撑的"L"形试验夹具,如图 7.1 所示。除非精心设计,此类夹具可能在试验频带内有谐振频率。原则上,由于夹具响应造成的控制谱的峰和谷可通过均衡台面运动拉平,但对于小阻尼的夹具很难实现。最佳的方案是夹具设计在试验频带内有少量或者在可能情况下没有谐振频率。设计好的冲击振动试验夹具是值得关注的重要工程课题。

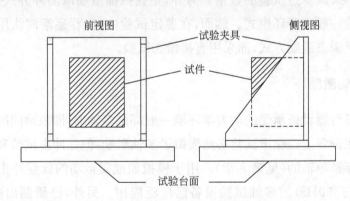

图 7.1　小型试件振动冲击试验的侧轴典型夹具

7.5.2　大型试件

对于相对试验台面较大的试件,一般采用上部带支撑以帮助承担试件重量的扩展夹具来进行垂向激励,如图 7.2 所示。侧向激励一般将试件固定在水平平板上,将试验机旋转以对水平板进行激励,平板与大质量块的对应面之间用油膜或静压轴承隔开,如图 7.3 所示。油膜或静压轴承提供绩效的切向约束,但在平面法向方向提供极大的刚度。因此,相对较轻的运动板在面的法向就具有与大质量刚性块相同的振动特性。

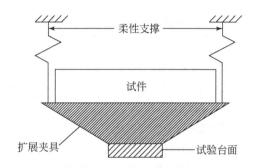

图 7.2 大型试件垂向冲击试验和振动试验的典型夹具

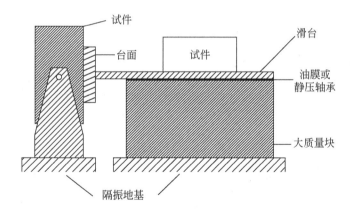

图 7.3 大型试件横向冲击试验和振动试验的典型夹具

7.6 试验失效的判断

所有空间飞行器设备动力学试验中,非常重要的一点是确认设备失效类型,性能减退也认为是失效。判据在很大程度上依据试验目的,有时需要设备采购方的裁定。推荐的不同类别试验的失效定义准则概括在表 7.3。

除表 7.3 的通用失效定义外,对鉴定和单件首飞试验的失效必须有更多的

特殊约定,如:

(1)若在试验持续时间内,设备结构产生疲劳裂纹但未扩展至断裂,必须约定是否产生疲劳裂纹即为失效或者是指定长度的裂纹才为失效;

(2)若在试验期间,出现可测量的关于电气、电子和(或)光学设备性能减退,必须约定构成失效的确切的性能减退程度。

表 7.3　不同类别试验的通用失效定义

试验类别	失效定义
鉴定试验	任何仅导致设计缺陷的故障; 所有明显因工艺偏差或材料缺陷导致的故障,应当修正并继续进行试验
验收试验	任何因工艺偏差或材料缺陷的故障; 设备在验收试验之前已通过鉴定试验,因此不存在与设计缺陷相关的失效
样机试验	任何导致设计缺陷或工艺偏差或材料缺陷的故障; 尽管如此,所有明显因工艺偏差或材料缺陷导致的故障,应该修正并继续进行试验

第8章 试验设备与过程要求

一般将用于航天器鉴定、验收和准鉴定动力学试验的试验设备与程序分为五类:低频振动试验、低频瞬态试验、高频振动试验、高频瞬态试验和声试验。低频振动试验、低频瞬态试验及声试验,通常仅在航天器(载荷)或主要的分系统进行;而高频振动试验和高频瞬态试验一般仅在航天器器件或主要的组件进行。本章详细描述各种类型试验的准则。

需要指出,航天器的低频动力学激励环境验证通常通过分析程序完成,而不是模拟预期的低频振动和瞬态振动环境的试验。然而,随着力限试验方法的引入,8.1节和8.2节中列出的低频动力学试验越来越实用,且对飞行器的威胁越来越少。

8.1 低频振动试验

参考表2.1,航天器或其主要的分系统承受的低频振动环境主要来源于运输、发射台的风、上升和再入过程中大气引起的紊流和抖振,以及发射中的POGO等。运输过程中会出现一些与运输方式有关的周期性激励,但是运输过程中主要的振动激励与风载、大气紊流和抖振一样,通常符合随机信号的特征。POGO是周期性的,但是它的出现是运载火箭的特例。因此,低频振动试验采用随机激励通常是合适的。但是,航天器载荷的低频振动试验常常使用正弦扫描激励,除了7.4.1节提到的技术不足的原因,还为了包络低频瞬态火箭的影响。无论采用随机或正弦,低频振动试验的上限频率根据具体的环境(表1.1)而定,但一般为100Hz或更低。试验的下限频率通常由试验设备的低频能力确定。

8.1.1 试验设备

用于航天器和(或)主要分系统的低频振动试验的试验设备有电动振动试验系统和液压振动试验系统两类。下面分别对电动振动试验系统、液压振动试验系统及其中的振动控制系统进行介绍。

1. 电动振动试验系统

如图 8.1 所示,电动振动试验系统包括电动振动台台体、功率放大器、信号控制系统以及一个或多个加速度监测传感器(控制加速度传感器)。振动台包括一个与驱动线圈刚性连接的台面,用于试件安装,驱动线圈在轴承和静圈的约束下只做直线运动。振动台台体内的电枢由大量励磁线圈缠绕,励磁线圈为电磁体提供电流(励磁电流),同时功率放大器提供驱动线圈信号(电枢信号),从而产生振动台台面的期望运动。通过不断比较控制加速度计测量的信号谱和预期的参考谱并消除误差,控制器生成期望的台面运动电枢信号。控制器也可以进一步修正电枢信号以实现力的限制。

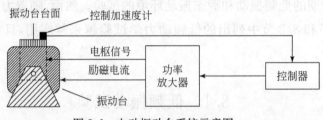

图 8.1　电动振动台系统示意图

大多数电动振动试验系统可以提供高达 2kHz 的振动激励,没有明显的振动台谐振(如果试件和(或)夹具比较重时可能出现 2kHz 以下的台面谐振)。目前最大的系统能提供约 500kN 的随机推力,但是振动台的最大位移通常只能到±5cm,从而严格限制了 20Hz 以下的加速度。可沿试件的三个正交轴同时激励的多轴电动振动试验系统和控制系统已经研制成功。如果拥有该多轴试验系统且具有足够能力,对低频振动试验时推荐使用。

2. 液压振动试验系统

如图 8.2 所示,目前的液压振动试验系统包括液压振动结构(振动台)、高压流体源(液压源)、电源(放大器)、电控双向阀、控制器和一个或多个加速度监测装置(控制加速度计)。振动台包括一个与活塞刚性连接的台面,用于试件安装。液压源通过电动双向阀产生流体压力,从而实现活塞的往复运动。放大器为电动阀的电机提供励磁电流,同时又给电动阀提供电枢信号调节流量以获得期望的台面运动。通过不断比较控制加速度计测量的信号谱和预期的参考谱并消除误差,控制器生成期望的台面运动电枢信号。控制器也可以进一步修正电枢信号以实现力的限制。

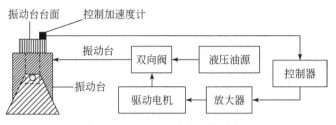

图 8.2　液压振动试验系统示意图

由于流体在管路内的谐振,多数液压振动试验系统只能提供上限 100Hz 的振动激励,虽然高频系统已经研制成功。最大的系统能提供超过 222kN 的随机推力(rms)。与电动振动试验系统相比,液压振动试验系统的主要优点是 20Hz 以下性能更优,因为液压系统可以提供较大位移,从而保证了极低频率下的加速度性能。这使得液压振动试验系统更适合用于低频振动试验。

值得一提的是,能同时实现三个正交方向运动的多轴液压振动试验系统已经研制成功,频率可以达到 500Hz。如果拥有该多轴试验系统且具有足够能力,对低频振动试验时推荐使用。

3. 振动控制系统

对随机振动试验来说,大部分现代振动试验控制系统工作过程如下所示。

(1)按照 g^2/Hz 的单边自谱(1.2.5 小节)给定期望的振动台台面运动,然后在控制系统中按照频率增量 Δf 被离散为 $N/2+1$ 个谱值(第一个为 0Hz),分别对应 0 到 $(N/2)\Delta f\text{Hz}$。

(2)控制系统将期望的单边自谱乘以 Δf,计算其自谱的平方根,从而得到一系列的 $N/2+1$ 傅里叶系数幅值 $|X(n\Delta f)|(n=0,1,\cdots,N/2)$,最后加上 $N-1$ 的冗余傅里叶系数,得到双边的 N 傅里叶系数幅值 $|X(n\Delta f)|(n=0,1,\cdots,N-1)$。

(3)控制器给每个傅里叶系数幅值分配一个相位 $\varphi(n\Delta f)$,从而得到完整的傅里叶系数幅值 $X(n\Delta f)(n=0,1,\cdots,N-1)$。其中相位从概率分布函数 $\pm\pi$,也就是 $p(\varphi)=1/(2\pi)(-\pi\leqslant\varphi\leqslant\pi)$ 中随机选择。

(4)对(3)中得到的傅里叶系数利用快速傅里叶变换(FFT)进行傅里叶逆变换,得到一个时域信号(也叫数据块)$x(n\Delta t)(n=0,1,\cdots,N-1)$,其中 $\Delta t=$

$1/(N\Delta f)$。随机选择的相位角保证了每个数据块符合高斯分布。对数据块重复计算并且适当缩减和迭代,从而获得一个较长的没有截断误差的时域信号。

(5)为了修正不一致的振动台频响函数,控制系统生成的信号被降低量级(通常对期望值降低 20dB)发送给振动台,同时利用控制加速度计测量并计算台面运动的自谱。比较实测自谱与期望谱,然后通过改变控制系统的傅里叶系数以确保测量的自谱与期望谱一致。增大量级(通常以 6dB 为增量)并且重复这个步骤直到期望谱。

(6)控制系统给定的信号的频率分辨率 $\Delta f = 1/(N\Delta t)$ 是选择振动试验系统的关键参数。频率分辨率的选择直接影响控制系统计算修正自谱所需的时间,也称为控制系统的"循环时间"。

对于正弦振动试验,无论定频或扫频,带幅值反馈控制的扫描振荡器可以作为控制器。这类振荡器通常与随机振动试验的控制系统合为一体。

4. 双控制(运动和力)系统

多数控制系统允许在主控制信号的基础上,利用另一路传感器测量的结果作为控制信号来对主控制信号的谱值进行限制。第二路控制信号可以是振动台上试件的响应限幅(见 4.5.4 节),也可是力限幅(见 4.5.2 节)。理想情况下,控制系统允许试件响应或输入力条件,以及输入运动条件可程式化,以便试件上响应传感器的输出,或者试件与台面之间的力传感器输出可以直接产生第二路控制信号。但是,老型号的控制系统也包含部分新的控制系统,不允许有着不同谱形的两种条件同时可程式化。这个问题可以通过适当地过滤控制系统中的并联信号解决,以便获得包含试件响应限幅或输入力限幅信号的期望谱,然后利用这个伪信号作为第二路控制信号。

8.1.2　试验程序

假定使用单轴振动试验系统,航天器或主要分系统进行低频振动试验的一般程序如下所示。

(1)用合适的夹具(见 7.5 节)和安全步骤将试件安装在振动试验台(见 8.1.1 节)上,以确保提供期望的沿试件三个正交轴的一个方向的振动激励。对于包含力限的低频振动试验要求(见 4.5.2 节),试件应该通过力传感器与夹具连接。

(2)在与试件连接处附近的夹具上安装一个或多个控制加速度计。对于100Hz以下的振动激励,振动台台面和夹具应该具有足够的刚性,即任一控制加速度计的结果可表征试件所有安装点的输入运动。即使在这种情况下,也常使用两个控制加速度计作为冗余设计。如果超出了振动台台面和(或)夹具的刚性范围,应该在试件安装点处使用两个或者多个控制加速度计。对于这种情况,推荐采用两个或多个控制加速度计的输出平均值作为控制信号。作为替代方案,有时也可用两个或多个控制加速度计的最大值作为控制信号。如果采用响应限幅,安装在试件上适当位置的加速度计的输出应该作为响应控制信号。如果采用力限幅,力传感器的输出之和应该作为力控制信号。

(3)对于功能性试验(见5.3.2节),对试件加电,并在模拟振动激励过程中进行功能验证。

(4)采用第4章确定的平稳随机和(或)周期振动的试验谱(随试件响应或力限幅变化),以及第5章或第6章确定的试验周期和6.1节中的余量。

(5)试验过程中,完成以下工作:

①记录控制加速度计测量的台面运动谱,如果采用了多点平均控制,则记录控制加速度计的平均值。

②记录安装在试件上的其他加速度计和(或)试件与夹具之间的力传感器的谱值。

③监视或记录试件所有相关的功能性数据。

④监视和检查实际控制谱(没有响应限幅或者力限幅的频率点)的量级误差是否在±1.5dB以内。如果利用独立的谱分析软件检查完毕,用同样的方法计算控制加速度计的平均谱作为控制系统的试验谱。

(6)以下情况终止试验:

①达到第5章或第6章确定的试验周期后。

②当发现试件的故障(见7.6节)时。

③当提示超出设定的试验量级时。

(7)如果没有故障出现,用合适的夹具和安全步骤将试件重新安装到振动台上,以便提供沿着试件的三个正交轴的另一个方向的振动激励,然后重复步骤(2)～步骤(6)。

(8)假设仍没有故障出现,且试验要求进行三个轴向的试验,则将试件按第三个激励方向重新安装到振动台上,重复步骤(2)～步骤(6),完成第三个方向的振动试验。

如果有多轴振动试验设备可用,必须针对特定试验设备制定试验步骤。

8.2　低频瞬态试验

参考表 2.1,航天器或其中主要的分系统通常采用低频瞬态试验来模拟火箭发动机的点火过压、起飞释放、发动机推力瞬变、机动载荷、级间/整流罩分离和运输、地震、飞行操作、着陆(含地表穿透)和在轨道运行中产生的微振动等。这类瞬态试验的上限频率随特定环境而变化(表 1.1),但是通常在 100Hz以下。

8.2.1　试验设备

用于航天器和(或)主要分系统低频瞬态试验的试验设备与 8.1.1 节中低频振动试验的设备相同。其大位移能力常采用液压系统,但是也可以采用大位移的电动振动台。

然而,低频瞬态试验的控制系统与低频振动试验采用的控制系统有所不同。

1. 低频瞬态波形复现试验的控制系统

对于模拟特定瞬态波形的低频瞬态试验,大部分现代瞬态试验控制系统工作过程如下。

(1)假设期望的振动台台面运动按照波形 $x(t)$ 输入控制系统,然后按照 Δt 的增量被数字化为 N 段离散值得到 $x(n\Delta t)(n=0,1,2,\cdots,N-1)$。由傅里叶谱定义的最大期望瞬态环境的波形 $x(t)$ 的计算详见 4.6 节。

(2)控制系统首先给振动台一个低量级的波形(不超过期望运动 $x(t)$ 的20%),然后利用控制加速度计测量实际台面运动波形 $y(t)$ 并数字化得到 $y(n\Delta t)(n=0,1,2,\cdots,N-1)$。

(3)控制系统将期望与实际的台面运动进行傅里叶变换得到 $X(k\Delta f)$ 和 $Y(k\Delta f),k=0,1,\cdots,N-1$,并计算相应的频响函数 $H(k\Delta f)=Y(k\Delta f)/X(k\Delta f)$。

(4)控制系统构建修正后的输入谱 $X_c(k\Delta f)=X(k\Delta f)/H(k\Delta f)(k=0,$

$1, \cdots, N-1$）。

（5）控制系统计算 $X_c(n\Delta f)$ 的傅里叶逆变换得到修正后的波形 $x_e(n\Delta t)$。

（6）由于控制系统是开环的，在不同量级（5%，10%，20%）下重复（1）到（5），以便识别系统可能存在的影响全量级试验结果的非线性。

2. 低频正弦扫描振动试验的控制系统

正如稍后 8.2.3 节讨论的，通过正弦扫描振动试验获取结构的响应数据，用于分析计算确定载荷或主要分系统的结构完整性，有时也可用于模拟实际低频瞬态环境可能导致的损伤（见 7.4.1 节）。

这种情况下，振动试验系统的控制系统与正弦振动试验所用的控制系统相同。

8.2.2　试验程序

假设采用单轴振动试验系统（电动或液压），航天器或主要分系统低频瞬态试验的一般程序如下所示。

（1）用合适的试验夹具（见 7.5 节）和安全步骤将试件安装在试验设备（见 8.1.1 节）上，以确保提供期望的沿试件三个正交轴的一个方向的振动激励。

（2）在与试件连接处附近的夹具上安装一个控制加速度计（常用两个作为冗余备份）。对于大型试件，应该在需要限制载荷的关键位置另外安装加速度计。

（3）对于功能性试验（见 5.3.2 节），在模拟的瞬态试验环境下试件应尽可能保持通电状态。

（4）利用第 4 章中确定的波形条件加上 6.1 节中的余量，作为瞬态激励。

（5）试验过程，完成下列工作：

①记录通过控制加速度计测量的台面运动的时间历程。

②记录安装在试件上的其他加速度计的时间历程。

③监视或记录试件所有相关的功能性数据。

（6）试验后，完成以下工作：

①计算所有加速度计输出的能量谱（见 1.2.10 节）。

②验证控制加速度计的能量谱量级与定义的瞬态能量谱量级是否一致，在 ± 1.5 dB 以内。

(7)假设没有故障出现(见7.6节),用合适的夹具和安全步骤将试件重新安装到振动台上以便提供沿着试件的三个正交轴的另一个方向的瞬态激励,然后重复步骤(2)~步骤(6)。

(8)假设仍没有故障出现,且试验要求进行三个轴向的试验,则将试件按第三个激励方向重新安装到振动台上,重复步骤(2)~步骤(6)完成第三个方向的瞬态试验。

如果有多轴振动试验设备可用,必须针对特定试验设备制定试验步骤。

8.2.3　替代程序

一般不直接对航天器或其主要分系统进行低频瞬态试验,而是采用正弦扫描振动试验作为替代方法,其目的在于:①确定试件的关键结构响应,然后利用分析技术验证试件在期望的低频瞬态环境下的生存能力;②模拟瞬态环境的破坏可能(见7.4.1节)。值得一提的是,正弦扫描试验往往被设计为同时验证试件在低频振动环境下的设计完整性(见8.1节)。

假设采用单轴振动试验系统(电动或液压),航天器或其主要分系统进行正弦扫描振动试验的一般程序如下。

(1)用合适的试验夹具(见7.5节)和安全步骤将试件安装在试验设备(见8.1.1节)上,以确保提供期望的沿试件三个正交轴的一个方向的正弦扫描振动激励。对于包含力限的正弦扫描振动试验条件,试件应该通过力传感器与夹具连接。关于力限的双控技术的讨论详见4.5.2节。

(2)在与试件连接处附近的夹具上安装一个控制加速度计(常用两个作为冗余备份)。对于大型试件,应该在需要限制载荷的关键位置另外安装加速度计。试件上安装的一个或多个加速度计可以作为响应限幅(见4.5.3节)。如果采用力限幅,力传感器的输出之和应该作为力控制信号。

(3)对于功能性试验(见5.3.2节),在模拟的瞬态试验环境下,试件应尽可能保持通电状态。

(4)如7.4.1节讨论,定义正弦扫描激励的幅值(根据试件响应限幅和(或)力限修正)和合适的扫描率。

(5)试验过程,完成下列工作:

①记录台面运动的正弦扫描幅值及对应的频率。

②记录安装在试件上的其他加速度计的时间历程。

③监视或记录试件所有相关的功能性数据。

(6)以下情况终止试验：

①达到第 8 章确定的试验周期后。

②当发现试件的故障(见 7.6 节)时。

③当提示超出设定的试验量级时。

(7)试验完成后,验证控制加速度计各频率点(试件响应限幅或力限不起作用的频率点)处的振动量级与定义的频率处的正弦扫描振动量级相比,是否在 ±10% 以内。

(8)假设没有故障出现(见 7.6 节),用合适的夹具和安全步骤将试件重新安装到振动台上以便提供沿着试件的三个正交轴的另一个方向的正弦扫描激励,然后重复步骤(2)~步骤(7)。

(9)假设仍没有故障出现,且试验要求进行三个轴向的试验,则将试件按第三个激励方向重新安装到振动台上,重复步骤(2)~步骤(7)完成第三个方向的正弦扫描试验。

如果有多轴振动试验设备可用,必须针对特定试验设备制定试验步骤。

8.3　高频振动试验

如表 2.1 所示,航天器组件或其主要部件的高频振动试验通常用来模拟起飞释放和(或)跨声速段以及最大飞行动压等阶段产生的气动激励等引起的航天器结构安装点的振动。这些高频激励一般都具有典型的随机特征,但是也有部分高频随机激励具有近似周期性的特征,如发动机谐振燃烧(见 1.3.12 节)。从 4.5.5 节可知,最终航天器部件或较大的分系统(包含安装好的组件和设备)通常用声试验设备来进行高频动力学环境的试验,而不是直接用机械振动试验设备。声试验为所有组件和设备提供更准确的高频振动激励模拟,在特定环境下可以代替高频振动试验(见 4.5.5 节)。然而大多数情况下,各航天器组件在交付总装前必须单独试验验证其在高频振动激励下能正常工作。这类单独组件或大部件高频振动试验,一般频率为 20Hz~2kHz。

8.3.1　试验设备

最常用于进行高频(高达 2kHz)随机振动试验的设备是电动振动试验系

统,如8.1.1节和图8.1所示。振动试验系统的控制与低频振动试验设备的系统相同。需要注意的是目前已有频率可达2kHz的多轴电动振动试验系统,可同时提供三个正交轴的振动激励。如果有多轴系统且能力足够,推荐采用其进行高频振动试验。

8.3.2　试验程序

除了验证条件是1000Hz以下的±1.5dB,1000~2000Hz的±3dB以外,高频振动试验的试验程序基本与8.1.2节的低频振动试验的程序相同。

8.4　高频瞬态试验

如表2.1所示,航天器组件或其主要部件的高频瞬态试验通常用来模拟火工装置启动引起的爆炸冲击(见1.3.16节),也可用于模拟由于高速金属碰撞引起的冲击。如1.3.16节中爆炸冲击可以大致分为近场、中场和远场,分别需要不同的试验设备和程序。某些情况下,航天器组件可以在实验室环境测试爆炸冲击,通过火工装置在航天器原理样机上或者航天器或主要分系统的动力学相似模型被触发。对航天器组件而言,这类在真实航天器或相似模型上的实验室测试提供了较高的爆炸冲击环境的真实模拟。然而,正如6.3节所言,这类试验不允许有附加的试验余量。因此,下文讨论的试验设备和程序主要针对那些便于增加试验余量的试验设备。

8.4.1　试验设备

通常用于近场、中场和远场爆炸冲击试验(1.3.16节定义了近、中、远的距离)的试验设备是不同的。因此,分别对它们进行总结[1,2]。然而,需要强调的是传统的落下式试验设备(试件安装在一个可以自由下落至制动装置上的平台上)绝不允许用于模拟爆炸冲击。这种设备使试件承受一个较大的净速度增量,从而产生能引起主结构破坏的巨大的低频能量的冲击。另外,爆炸冲击设备一般不产生或产生很小的速度增量,因此,很少对一阶模态在100Hz以下的主结构造成威胁。

1. 近场试验

推荐用火工装置进行近场爆炸冲击环境试验。最常用的火工装置如图

8.3 所示,包含一块平板(通常是钢的),以及在其底部和(或)侧面安装的作为激励源的爆炸材料(通常是导爆索),侧面的燃料用于产生沿组件安装面的运动,底部的燃料用于产生沿组件安装面法向的运动。被测组件安装在平板的上面。爆炸冲击产生的幅值可以通过爆炸材料的尺寸和位置,以及组件在板上的位置控制。必须记住的是,火工试验设备的使用通常需要特殊的许可,有时还需要比较偏远的试验地点。

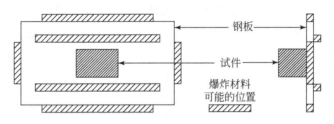

钢板

试件

爆炸材料
可能的位置

图 8.3　近场爆炸冲击试验设备的示意图

2. 中场试验

可用于中场爆炸冲击试验的试验设备很多,如碰撞式冲击试验机、机械式爆炸冲击模拟器(MIPS)和机械激励谐振试验装置。

1)碰撞式冲击试验机

典型的碰撞式冲击试验机如图 8.4 所示。试件安装在一个弹簧支撑的夹具上,一个较重的台面下落至与夹具相连的另一个弹簧上产生对试件的冲击。

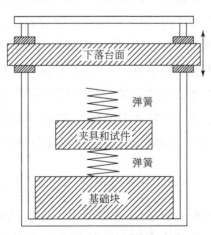

下落台面

弹簧

夹具和试件

弹簧

基础块

图 8.4　碰撞式冲击试验机示意图

当下落台面从弹簧上反弹并被捕获时激励结束。可以通过调整台面下落高度和种类,弹簧的刚度和阻尼控制冲击的幅值、周期和频率范围。这类设备可以产生幅值高达 5000g、主频高达 2kHz 且持续几个周期的正弦衰减形式的冲击信号。

2)机械式爆炸冲击模拟器

典型的机械式爆炸冲击模拟器如图 8.5 所示。试件安装在固定于泡沫垫的铝板上。通过一个气动冲击头高速撞击铝板产生对试件的冲击。可以通过调整冲击头速度、冲击头材料和冲击作用点来控制冲击的幅值、周期和频率范围。机械式爆炸冲击模拟器可以产生幅值 5000g、频率 10kHz 以上且持续时间小于 10ms 的冲击信号。

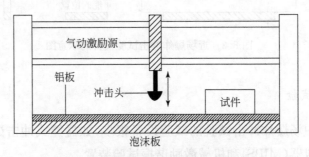

图 8.5　机械式爆炸冲击模拟器示意图

3)机械激励谐振试验装置

机械激励谐振试验装置与机械式爆炸冲击模拟器试验原理相同,也是利用机械冲击激励包含试件的结构,除了结构被设计为响应主要集中在其一阶固有频率。可采用的结构形式多种多样,如可激出纵向响应或弯曲响应的板和梁。结构的基频可变以便于响应频率可调。激励源可以是气动的(图 8.5),也可是其他(如摆锤式)的。通过调节冲击装置的速度和种类,谐振结构的冲击点,以及谐振结构的一阶模态可以控制冲击的幅值、周期和频率范围。这种设备可产生幅值高达 5000g、主频高达 3kHz 且持续时间几个循环正弦衰减的冲击信号。

3. 远场试验

中场试验中提到的所有试验设备均可用于远场试验。除了这些设备,图 8.1 所示的电动振动试验系统也可用来模拟远场爆炸冲击的波形,频率可达 3kHz,峰值可达 5000g,具体取决于振动台的额定推力和试件以及夹具的质量。

如果已知需要模拟的波形(见 4.6 节),控制器与低频瞬态试验使用方法相同。然而,如果试验条件是按照冲击响应谱(见 1.2.11 节)的方式提出的,试验波形通常用衰减正弦波方法或者小波方法(见 4.6 节)合成。

8.4.2　试验程序

用火工试验设备模拟近场爆炸冲击的详细试验程序和设备的具体设计与当地政府的安全法规有关。模拟中场和远场爆炸冲击的试验程序同样与采用的试验设备类型紧密相关。然而,瞬态试验的一般程序如下所示。

(1)用合适的试验夹具(见 7.5 节)和安全步骤将试件安装在试验设备(见 8.4.1 节)上,以确保提供期望的沿试件三个正交轴的一个方向的高频瞬态激励。

(2)在与试件连接处附近的夹具上安装一个控制加速度计。对于多点固定的大型试件,应该在多个安装点安装加速度计用于计算试件的平均输入激励。

(3)对于功能性试验(见 5.3.2 节),在模拟的瞬态试验环境下试件应尽可能保持通电状态。

(4)利用第 4 章中确定的瞬态波形或者冲击响应谱再加上 6.1 节中的余量,作为高频瞬态激励。需要注意的是为了使试验达到规定的 SRS,某些试验设备,如机械式爆炸冲击模拟器的台面和火工激励板需要利用模拟件进行反复试验。

(5)试验过程,完成下列工作:

①记录通过加速度计测量的台面运动的时间历程。

②监视或记录试件所有相关的功能性数据。

(6)计算所有加速度计的 SRS(见 1.2.11 节)。

(7)试验后,验证输入加速度计或多点平均的 SRS 量级与定义的 SRS 量级是否一致,在±6dB 以内(3kHz 以下),+9/−6dB 以内(3kHz 以上),并且至少有 50% 的 SRS 谱值要大于额定试验规范值。

(8)假设没有故障出现(见 7.6 节),用合适的夹具和安全步骤将试件重新安装到振动台上以便提供沿着试件的三个正交轴的另一个方向的瞬态激励,然后重复步骤(2)~步骤(7)。

(9)假设仍没有故障出现,且试验要求进行三个轴向的试验,则将试件按第三个激励方向重新安装到振动台上,重复步骤(2)~步骤(7)完成第三个方向的瞬态试验。

需要注意某些试验设备会产生比较大的非轴向激励,如火工激励板。如果这类试验设备能通过调整同时产生沿试件三个轴向的规定冲击响应谱,则可以与沿三个轴向的依次试验等效。

8.5 声 试 验

航天器组件或其主要部件的声试验通常用来模拟起飞过程中的声激励,有时也模拟上升和进入过程中的空气动力导致的脉动压力载荷。所有情况下的激励都是具有随机特征的,覆盖较广的频率范围,并且作用在航天器的外表面。直接模拟航天器或其主要分系统的外表面受到的压力激励的试验是值得的。这类试验通常作为航天器动力学试验的最后一步,为航天器上所有的组件提供最准确的高频振动环境模拟。

8.5.1 试验设备

航天器起飞过程中的声压场通过结构向前传播,上升和进入过程中空气动力导致的脉动压力场通过结构向后流动。因此,产生沿航天器纵轴传播的压力场激励的设备(如扩散波试验设备)能提供最精确的模拟。这种针对特殊项目的扩散波试验设备已建成,如阿波罗飞船。然而,由于大型通用扩散波试验设备的复杂性和高成本,大多数航天器或分系统的声试验利用大型的高声强混响室进行。对于有表面暴露在大气中的航天器结构来说,很明显,混响噪声与起飞阶段的扩散噪声以及上升或再入过程中的空气对流噪声的空间相关性不一致。因此,在相同的噪声量级下,航天器结构在混响声场激励下的响应与实际起飞和飞行环境下的响应也将不同。一些试验研究表明,结构响应的不同可能主要表现在结构的一阶频率以下,但是另外的研究没有显示明显的区别。然而,大多数情况下,试验时只要在额定的 1/3 倍频程量级的基础上考虑足够的余量,由于试验和飞行环境的空间相关性不同导致的潜在误差可以忽略。对于封闭在整流罩或者载荷舱内的有效载荷,由于其飞行过程中将经历混响噪声激励,混响室提供了更准确的模拟。然而,与整流罩或载荷舱相比,内部的压力场受声模态的影响很大,因此混响室低频段的模拟精度也会降低。

　　典型的高声强混响室如图 8.6 所示。设备的主体为由厚墙壁构成的大房间,其光滑的表面可提供较长的混响时间(通常约 5s)。作为一个经验法则,混响室的体积至少应是被试验对象体积的 10 倍。

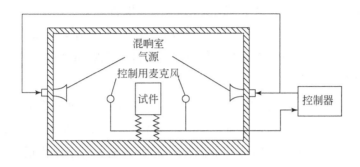

图 8.6　典型的高声强混响室示意图

　　混响室内的随机噪声通常由气流调制器提供,通过一个小型电动控制器控制高压气源阀的开闭。混响室内部的声压级通过控制器产生:

　　(1)期望声压级谱按照 1/3 倍频程输入控制器。

　　(2)控制器按照期望的 1/3 倍频程声压级产生并发送给气流调制器一个低量级信号(不超过满量级的 20%),同时通过两个或以上的控制传感器测量混响室内实际的声压级并进行平均作为控制信号。

　　(3)控制器根据期望和实测的 1/3 倍频程声压级的误差,修正气流调制器的输出信号,控制信号的调整可以通过手动或自动。

　　(4)为了消除气流调制器和(或)混响室响应之间的非线性因素影响,可以重复以上步骤。

　　高声强混响室能够产生的声压级取决于气流调制器的声功率以及混响室的火星时间。声压级的低频下限主要由混响室体积决定。大型的试件也会影响混响室的高频和低频能力。目前流行的用于航天器声试验的高声强混响室为 $200\sim1000\text{m}^3$,频率范围为 100Hz~10kHz,空室总声压级为 150~160dB。关于声试验设备及高声强混响室的设计更进一步的讨论可参见相关文献或书籍[3,4]。

　　需要注意的是,任何用于航天器产品的高声强混响室在试验前都必须进行全面评估以获取其空室特性。其中特别需要关注的是:

　　(1)混响室的混响时间与频率的关系。

　　(2)混响室内声场的均匀性。

(3)混响室内声场的空间相关函数。

8.5.2　试验程序

航天器或主要分系统进行高声强试验的一般程序如下所示。

(1)在高声强混响室内安装试件,使用合适的支撑结构使试件与混响室结构隔离,如通过弹性支撑或弹性绳索悬挂。试件与混响室壁的最小距离应该不小于试件的最大直径。

(2)在试件周围安装控制传感器。通常在混响室不同位置安装 2~4 个控制传感器用于提供声压级的空间平均。这种情况下,将平均后的 1/3 倍频程作为控制信号。推荐每个控制传感器离试件的距离至少等于试件的最大尺寸,但是不大于试件和混响室壁距离的 1/2。

(3)对于功能性试验(见 5.3.2 节),在模拟的声试验环境下,试件应尽可能保持通电状态。

(4)根据第 6 章中确定的条件以及第 5 章和第 6 章确定的时间再加上 6.1 节中的余量,给气流调节器一个稳态随机声信号以产生响应的 1/3 倍频程声压级,用控制传感器测量的平均 1/3 倍频程作为控制信号。为了能够尽早发现任何可能的试验安装问题,实现期望 1/3 倍频程声压级比较好的方法是离散的加载方式(如−12dB、−9dB、−6dB、−3dB)。

(5)试验过程,完成下列工作:

①记录通过每个控制传感器测量混响室内的 1/3 倍频程的声压级。

②记录安装在试件上的其他加速度计或应变片的时间历程。

③监视或记录试件所有相关的功能性数据。

④监视和检查实际控制 1/3 倍频程谱的量级误差在 50Hz~3kHz 是否满足±3dB 以内,50Hz 以下及 3kHz 以上是否满足±5dB(或设备的最优能力)以内。如果利用独立的谱分析软件检查完毕,用同样的方法计算控制加速度计的平均谱作为控制系统的试验谱。

(6)以下情况终止试验:

①达到第 5 章或 6.2 节中确定的试验周期后。

②当发现试件的故障(见 7.5 节)时。

③当提示超出设定的试验量级时。

8.6　替代动力学试验

近来,为满足"更快,更好和更便宜"的试验需求,出现了一些替代动力学试验技术。虽然与被替代的传统试验相比,多数替代试验多少有些简化和妥协的成分,但是除了节约成本和周期之外,替代试验技术也存在某些技术优势。本节主要讨论两种替代动力学试验技术。

8.6.1　联合动力学试验

联合动力学试验是指将试件底部固定在振动试验系统上,依次完成结构的载荷试验、振动环境试验、模态试验,有时甚至包括直接声场试验。该试验替代了通常在不同时间范围、试验地点、试验人员,有时还用不同试验设备完成的四类独立的力学试验。联合动力学试验方法可以减少四倍或更多的试验时间[5]。

与传统试验相比,除了节约成本和周期外,联合动力学试验有时更真实。如航天器振动台上的振动试验。在振动台上,结构载荷作用在航天器底部且通过质心反作用,相对于传统载荷试验采用拉压的方式,更好地模拟了发射载荷。同样,与传统模态试验对单独结构激励得到的模态相比,底部激励出的模态更能代表运载火箭激励的全局模态。而且,振动试验的试验量级更接近发射状态,因此能获得更好的阻尼估计。然而,底部激励试验不能模拟某些局部载荷引起的复杂载荷形式,如降落伞绳系,并且传统的直线振动试验不能激发出纯旋转模态。

8.6.2　直接声场法声试验

小卫星制造商可能没有像航空工业中用于传统声试验的混响室。过去,他们有两种选择:一是将卫星包装运输到大公司(经常是竞争对手)的混响室进行混响声场试验,二是不做声试验。这两种选择都不是很吸引人,需要承担复杂飞行器运输可能遭遇的风险和时间周期,或者声振分析存在的误差。近来出现了一种直接声场法声试验的替代方案[6,7]。

采用直接声场法进行声试验,试件由大量的电动扬声器围绕。扬声器由低频、中频和高频扩音器及配套的音频放大器和控制系统组成。这些设备可以从很多音响系统公司租赁或者购买,这些公司还可以提供系统设计、设备操作和人员等服务。直接声场法声试验有时也称为原位声试验,试件可以在任意的、可以容纳高声试验量级的、而不对人员或设备及试件造成伤害的地方。典型的位置是用于集成和功能测试,或者振动试验的洁净的大厅。用多个(如八个)全向麦克风来监测环境,麦克风沿卫星四周分别布置在离表面大约 1ft(1ft=0.3048m)的不同高度上。利用频谱分析仪对麦克风响应取平均值,进而利用闭环系统或手动对参考试验谱进行控制。

目前仍然存在许多关于直接声场法声试验的问题。一个问题是受传统音频设备能实现的最大量级的限制,直接声场法是否能够可靠地实现足以覆盖运载火箭最大噪声的高量级的声压级(首次飞行器的直接声场法试验总声压级是137dB)。为了使用电动扬声器实现这个声压级,扬声器必须布置得离试件非常近(首次试验中约 4ft),使试件位于扬声器的近场区域内。试件离扬声器如此近,空间平均是不均匀的,特别是在高频范围内扬声器是定向的。另一个问题是与混响场相比,主要的直接入射波在激起结构方面的效率问题。有一些证据表明直接入射声波在激励结构的主模态方面更有效,但是相反,混响场在高频范围内更有效。同时,飞行环境的指向性也是一个问题,入射波可能比正常情况下更强,特别是在整流罩频率处内部量级最高。

参 考 文 献

[1] Anon. Pyroshock Testing Techniques. IEST-RP-DTE032.1. Institute of Environmental Sciences and Technology. Mount Prospect. IL. 2000.

[2] Davie N T, Bateman V I. Pyroshock testing//Harris C M. Shock and Vibration Handbook. 4th ed. New York: McGraw-Hill, 1995.

[3] 柯受全. 卫星环境工程和模拟试验. 北京. 宇航出版社. 1996.

[4] Hodgson M, Warnock A C C. Noise in rooms//Beranek L L, Ver I L. Noise and Vibration Control Engineering. New York: Wiley, 1992.

[5] Vujcich M, Scharton T. Combined loads, vibration, and modal testing of the quikscat spacecraft. SAE World Aviation Congress, 1999.

[6] Anthony D, Scharton T, Leccese A. Direct acoustic test of quikscat spacecraft. SAE World Aviation Congress, 1999.

[7] Larkin P. Direct, near field acoustic testing. SAE World Aviation Congress, 1999.